Damien Chablat

Contributions à l'analyse et à l'optimisation de mécanismes parallèles

AF128449

Damien Chablat

Contributions à l'analyse et à l'optimisation de mécanismes parallèles

De la théorie à l'application

Presses Académiques Francophones

Impressum / Mentions légales
Bibliografische Information der Deutschen Nationalbibliothek: Die Deutsche Nationalbibliothek verzeichnet diese Publikation in der Deutschen Nationalbibliografie; detaillierte bibliografische Daten sind im Internet über http://dnb.d-nb.de abrufbar.
Alle in diesem Buch genannten Marken und Produktnamen unterliegen warenzeichen-, marken- oder patentrechtlichem Schutz bzw. sind Warenzeichen oder eingetragene Warenzeichen der jeweiligen Inhaber. Die Wiedergabe von Marken, Produktnamen, Gebrauchsnamen, Handelsnamen, Warenbezeichnungen u.s.w. in diesem Werk berechtigt auch ohne besondere Kennzeichnung nicht zu der Annahme, dass solche Namen im Sinne der Warenzeichen- und Markenschutzgesetzgebung als frei zu betrachten wären und daher von jedermann benutzt werden dürften.

Information bibliographique publiée par la Deutsche Nationalbibliothek: La Deutsche Nationalbibliothek inscrit cette publication à la Deutsche Nationalbibliografie; des données bibliographiques détaillées sont disponibles sur internet à l'adresse http://dnb.d-nb.de.
Toutes marques et noms de produits mentionnés dans ce livre demeurent sous la protection des marques, des marques déposées et des brevets, et sont des marques ou des marques déposées de leurs détenteurs respectifs. L'utilisation des marques, noms de produits, noms communs, noms commerciaux, descriptions de produits, etc, même sans qu'ils soient mentionnés de façon particulière dans ce livre ne signifie en aucune façon que ces noms peuvent être utilisés sans restriction à l'égard de la législation pour la protection des marques et des marques déposées et pourraient donc être utilisés par quiconque.

Coverbild / Photo de couverture: www.ingimage.com

Verlag / Editeur:
Presses Académiques Francophones
ist ein Imprint der / est une marque déposée de
OmniScriptum GmbH & Co. KG
Heinrich-Böcking-Str. 6-8, 66121 Saarbrücken, Deutschland / Allemagne
Email: info@presses-academiques.com

Herstellung: siehe letzte Seite /
Impression: voir la dernière page
ISBN: 978-3-8381-4643-0

Zugl. / Agréé par: Université de Nantes, 2008

Copyright / Droit d'auteur © 2014 OmniScriptum GmbH & Co. KG
Alle Rechte vorbehalten. / Tous droits réservés. Saarbrücken 2014

Sommaire

1. Avant-propos 4
2. Curriculum Vitae 6
3. Activités de recherche 8
   3.1. Collaborations internationales 8
   3.2. Valorisation des résultats de recherche 9
   3.3. Activités contractuelles 9
       3.3.1. Contrats industriels 9
       3.3.2. Contrats institutionnels 10
   3.4. Organisation de colloque 12
   3.5. Activités d'intérêt général 13
   3.6. Rayonnement 13
4. Activités d'enseignement 15
   4.1. École Centrale de Nantes, département d'enseignement IPSI 15
   4.2. Formation Continue et par apprentissage de l'ITII Pays de la Loire ... 15
   4.3. Responsabilités administratives 16
5. Publications et encadrements 17
   5.1. Tableau résumant le type et le nombre de publications et travaux 17
   5.2. Encadrements de thèses 18
   5.3. Revues spécialisées avec comité de lecture 19
   5.4. Ouvrages de synthèse 22
   5.5. Conférences internationales avec actes et comité de lecture 23
   5.6. Colloques avec actes à diffusion restreinte 31
   5.7. Encadrements de DEA/Masters 32
   5.8. Encadrements de thèses 33
   5.9. Rapports de contrat 34
   5.10. Rapports internes 35
   5.11. Brevets 35
6. Synthèse des activités de recherche 36
   6.1. Introduction 36
   6.2. Analyse de mécanismes 38
       6.2.1. Classification des mécanismes sériels 3R orthogonaux 38
       6.2.2. Condition d'existence de mécanismes 3R binaires ou quaternaires ... 45
       6.2.3. L'isotropie et la longueur caractéristique 47
       6.2.4. Les aspects et les domaines d'unicité des mécanismes parallèles ... 51
       6.2.5. Les points cusp pour les mécanismes 3-RPR 61
       6.2.6. Trajectoire non singulière de changement de mode d'assemblage ... 63
       6.2.7. Conclusion 68
       6.2.8. Production scientifique en analyse de mécanismes 69
   6.3. Conception et optimisation de mécanismes 71
       6.3.1. Introduction 71
       6.3.2. Les mécanismes sériels 3R 72
       6.3.3. Les mécanismes parallèles plans à deux degrés de liberté 74
       6.3.4. Les mécanismes parallèles à trois degrés de liberté 75
       6.3.5. Les vertèbres du robot anguille 78
       6.3.6. La machine Verne 83
       6.3.7. La transmission Slide-o-Cam 85

Sommaire

6.3.8. Production scientifique en conception et optimisation de mécanismes 91
6.4. Le projet Orthoglide 93
6.4.1. Contexte du projet 93
6.4.2. Conception de l'Orthoglide 3 axes... 94
6.4.3. Conception de l'Orthoglide 5 axes... 111
6.4.4. Production scientifique relative au projet Orthoglide 115

7. Conclusion et perspectives 118
7.1. Conclusion.. 118
7.2. Perspectives 119

8. Références bibliographiques 126

9. Cahier des charges de l'Orthoglide 5 axes 132

10. Copies de publications.. 135

1. AVANT-PROPOS

Ce mémoire a pour vocation de présenter mon Curriculum Vitae personnel, mes activités d'enseignement et de recherche.

Les travaux présentés dans ce mémoire reprennent les principaux thèmes que j'avais développés dans mon projet d'intégration au CNRS en 1999 qui sont *les aspects, les domaines d'unicité, les aspects libres, la parcourabilité, les critères de performances* et *la conception optimale de mécanismes*.

Avant d'aller plus loin dans ce mémoire, je tiens à remercier toutes les personnes qui ont travaillé avec moi pour la rédaction d'articles et sans qui ce document n'aurait jamais pu voir le jour.

Mazen Alamir, Nicolas Andreff, Claude Andriot, Jorge Angeles, Vigen Arakelian, Maher Baili,
Patricia Ben-Horin, Fouad Bennis, Florence Bidault, Ilian Bonev, Emilie Bouyer, Frédéric Boyer,
Sébastien Briot, Stéphane Caro, Patrick Chedmail, Nicolas Chevassus, Philippe Dépincé, Roman Gomolitsky,
Clément Gosselin, Sylvain Guegan, Matthieu Guibert, François Guillaume, Bernard Hoessler, Daniel Kanaan,
Wisama Khalil, Philippe Lemoine, Alban Leroyer, Félix Majou, Philippe Martinet, Liang Ma,
Jean-Pierre Merlet, Xavier Merlhiot, Alain Micaelli, Hector Moreno, Eric Noël, Flavien Paccot,
Alfonso Pamanes, Anatol Pashkevich, Jean-François Petiot, Laurent Pino, Novona Rakotomanga,
Antoine Rennuit, Jérome Renotte, Moshe Shoham, Leonid Slutski, Ying Wang, Philippe Wenger,
Peer-Oliver Woelk, Mazen Zein, Wei Zhang, Qinqin Zhang

Ainsi que tous les étudiants et les ITA qui ont travaillé avec moi et les collègues que j'ai rencontrés grâce aux projets et contrats.

Avant-propos

2. CURRICULUM VITAE

État Civil

Nom : CHABLAT Prénom : Damien

Date et lieu de naissance : 27-04-1972 à Blois,

Nationalité : Française, Situation de famille : marié, 2 enfants,

Fonction : Chargé de recherche CNRS

Établissement: Institut de Recherche en Communications et Cybernétique de Nantes,
   1 rue de la Noë 44072 Nantes cedex 03.

Téléphone : 02 40 37 69 48   Fax : 02 40 37 69 30

E.mail : Damien.Chablat@irccyn.ec-nantes.fr

Web Pages perso : www.irccyn.ec-nantes.fr/~chablat

Titres universitaires français

Novembre 1998 : Thèse **de Doctorat** de l'École Centrale de Nantes et de l'université de Nantes,

   Titre : Domaines d'unicité et parcourabilité pour les manipulateurs pleinement parallèles.

   Lieu : Institut de Recherche en Communications et Cybernétique de Nantes,

   Spécialité : Génie Mécanique,

   Mention : très honorable avec félicitation du jury,

   Membres de jury : J. Angeles (Président), P. Chedmail, J.P. Lallemand (Rapporteur), J-P Merlet (Rapporteur), C. Reboulet, P. Wenger (directeur de thèse).

Octobre 1995 : Diplôme d'Etudes Approfondies, *Mention Bien*.

   Lieu : Institut de Recherche en Communications et Cybernétique de Nantes, ECN,

   Titre : De la Fabrication dès la Conception.

   Option : CMAOP.

Juin 1994 : Maîtrise de Technologie Mécanique, *Mention Bien*, à l'Université d'Orléans.

Juin 1993 : Licence de Technologie Mécanique, *Mention Bien*, à l'Université d'Orléans.

Juin 1992 : DUT Génie Mécanique, à l'Institut Universitaire et Technologique

Curriculum vitae
d'Orléans.

Stages effectués en entreprises

1992 Stage de DUT (10 semaines)

Sujet : Étude de la déformation de tubes lors du cintrage, amélioration du procédé de fabrication.

Lieu : Usine Ermeto de Blois.

1994 Stage de maîtrise (8 semaines)

Sujet : Étude du prix de fabrication de « patte de fixation » pour la sous-traitance et de l'historique des appels d'offre sous Access.

Lieu : Usine Ermeto de Blois.

Activités Professionnelles

Depuis octobre 1999 : Chargé de recherche CNRS à l'Institut de Recherche en Communications et Cybernétique de Nantes et vacataire à l'École Centrale de Nantes au Département Ingénierie des Produits et Systèmes Industriels

- Octobre 2001 : Chargé de Recherche Titulaire
- Octobre 2003 : Chargé de Recherche 1ère classe

Novembre 1998 - septembre 1999 : Post-Doc INRIA à l'étranger, à l'Université de Mc Gill, Montréal, Canada. : Conception optimale de manipulateurs en utilisant le concept d'isotropie.

Octobre 1995 - octobre 1998 : Doctorat à l'École Doctorale Sciences Pour l'Ingénieur de l'École Centrale de Nantes et de l'Université de Nantes : « Domaines d'unicité et parcourabilité pour les manipulateurs pleinement parallèles » sous la direction de Philippe WENGER, chargé de recherche au CNRS, responsable de l'équipe CMAO productique de l'Institut de Recherche en Cybernétique de Nantes.

- Recherche : Allocataire de recherche du Ministère de l'Enseignement Supérieur, de la Recherche et des Technologies rattaché à l'Institut de Recherche en Cybernétique de Nantes, UMR 6597. Temps plein.
- Enseignement : Moniteur Universitaire en Sciences pour l'ingénieur du Ministère de l'Enseignement Supérieur, de la Recherche et des Technologies, rattaché à l'École Centrale de Nantes, 96 heures annuelles.

3. ACTIVITES DE RECHERCHE

Mes activités de recherche se déroulent à l'Institut de Recherche en Communications et Cybernétique de Nantes, (IRCCyN). Ces activités de recherche ont débuté en 1995 à l'occasion de la thèse de doctorat au sein de l'équipe CMAOP animée par P. Wenger. Elles se sont poursuivies pendant mon Post-Doc à l'université McGill (Centre for Intelligent Machines) dans l'équipe Robotic Mechanical Systems (RMS) animé par J. Angeles et se déroulent actuellement dans l'équipe Méthode de Conception en Mécanique (MCM) animée par P. Wenger depuis mon recrutement au CNRS.

3.1. Collaborations internationales

Après mon séjour doctoral, j'ai continué à entretenir des relations importantes avec le Prof. Jorge Angeles de l'Université McGill. J'ai ainsi effectué plusieurs séjours à Montréal et encadré plusieurs étudiants de l'École Centrale de Nantes pendant des stages de fin d'étude ou des DEA/Masters. Cette collaboration a été concrétisée par plusieurs articles en conférences et en revue.

J'ai développé une seconde collaboration avec le Prof. Clément Gosselin de l'université Laval de Québec. Dans ce cadre, j'ai co-encadré avec Philippe Wenger la thèse de Félix Majou et j'ai effectué un séjour de deux semaines en février 2003.

Une troisième collaboration a commencé en 2004 avec Erika Ottaviano de l'université de Cassino qui s'est concrétisée par un séjour d'une semaine en mai 2005 et par l'encadrement de 4 étudiants de l'École Centrale de Nantes pour leur stage de fin d'étude (2004-2005-2006).

Une quatrième collaboration a débuté en 2005 avec Ilian Bonev de l'École de Technologie Supérieure de Montréal lors d'un séjour de deux mois.

Une cinquième collaboration a débuté en 2005 avec le Prof. Zhang Wei de l'université de Tsinghua en Chine lors de deux séjours à Nantes du Prof. Zhang Wei comme professeur invité ainsi que lors de mon séjour à Beijing en avril 2006. Cette collaboration se place dans un contexte recherche avec un contrat triparti entre EADS, Tsinghua et l'IRCCyN ainsi que dans un contexte d'enseignement avec le développement d'un cours de réalité virtuelle avec Philippe Dépincé (Projet AIP-Priméca, Centre d'Innovation en Gestion du Cycle de Vie des Produits).

Finalement, je travaille avec Anatol Pashkevich de l'Université d'Informatique et de Radioélectronique de Minsk (Biélorussie) depuis 2003. Cette collaboration internationale s'est terminé lorsque Anatol Pashkevich a intégré notre équipe en janvier 2008. Pendant cette collaboration, nous avons écrit trois articles en revue et quatre conférences.

3.2. Valorisation des résultats de recherche

À partir de mes premiers résultats est né le projet Orthoglide dont le premier objectif était la réalisation d'un prototype à échelle réduite d'une machine outil 3 axes. Ce premier projet qui commença en 2001 a servi de support pour les thèses de Sylvain Guegan (2003, équipe robotique), Félix Majou (2004) et Stéphane Caro (2004) et 6 publications en revues ont été écrites (dont une dans l'équipe robotique). Le prototype a été financé (20 K€) par l'IRCCyN via des crédit École des Mines de Nantes, par l'ANVAR, par la Région des Pays de la Loire (Financement jeune chercheur) et par le CNRS (projet ROBEA MPP).

L'évolution de l'Orthoglide vers l'usinage 5 axes a abouti à la création d'une nouvelle architecture qui a été brevetée en France (I-03-1, FR2850599), en Europe (I-05-1, EP1597017), au Canada (I-04-1, CA2515024) et au USA (I-07-1, US20070062321). Un prototype est en cours de conception et le financement est acquis (130K€) grâce au CNRS (32K€), à l'IRCCyN (41K€) et à la Région des Pays de la Loire (57K€).

3.3. Activités contractuelles

Depuis mon intégration à l'IRCCyN, j'ai participé à la réalisation de plusieurs contrats industriels ou institutionnels.

3.3.1. Contrats industriels

Le premier fut réalisé avec Philippe Wenger en janvier 2001 avec la société Tecnomatix et s'intitulait « Étude de bras articulés d'architecture non standard : Développement d'inverseurs et optimisation des solutions » (80KF). L'objet de ce contrat était, pour ma part, la mise au point de programmes en C, intégration et test de ces programmes dans le logiciel Robcad de la société Tecnomatix.

Le second contrat, avec la société Tecnomatix, se nomme « étude de faisabilité de l'intégration du périphérique Phantom dans Robcad pour la gestion des robots et des mannequins » (12K€). Ce travail consiste à réaliser des stratégies pour le contrôle de ce périphérique afin de créer des retours haptiques lorsque des objets manipulés entrent en contact avec des objets de l'environnement.

Le troisième contrat est lié à la valorisation des résultats de recherche de l'équipe. Il consiste à la création de cours de haut niveau pour les écoles d'ingénieurs (5ème année) et consiste en un des modules déposés dans le cadre du projet « Campus Numérique, Institut Ouvert AIP PRIMECA ». Notre module se nomme « réalité virtuelle en conception de produit ». Il regroupe sept personnes à Nantes et à Grenoble (100K€, dont 27K€ pour Nantes). J'en assure la responsabilité et l'animation.

Le quatrième contrat est lié à l'encadrement de la thèse d'Antoine Rennuit avec le CEA et le CCR d'EADS (18K€ HT) et porte sur le contrôle interactif d'humains virtuels pour des tâches de montage-démontage (2003-2005).

Le cinquième contrat est avec le Tecno'Campus de Nantes (CCR EADS) et porte sur l'étude d'un robot grimpeur (2007). Ce travail est réalisé avec deux étudiants de Master (Chikh Lotfi et El Helou Wassim) et avec Yannick Aoustin (15K€) de l'équipe Robotique.

Le sixième contrat est ave le Tecno'Campus de Nantes (CCR EADS) en collaboration avec l'université de Tsinghua (40K€) (2007-2008). C'est dans le cadre de ce contrat que se déroule la thèse de Liang Ma que j'encadre avec Fouad Bennis. Le sujet de la thèse est l'étude de la fatigue humaine lors de tâches d'assemblage.

3.3.2. Contrats institutionnels

Action Spécifique CNRS N°90, "Détection de collisions et Calcul de réponse" (2003) : Ce projet regroupe de nombreux laboratoires (LIFL – Lille, LSC – Evry, GRAVIR – Grenoble, IRCCYN – Nantes, LIRMM – Montpellier, IRISA – Rennes, LSIIT – Strasbourg, LERI – Reims, I3D – Rocquencourt, IRIT – Toulouse, LE2I – Dijon, ENSI – Bourges, LSIS – Marseille, IRENav – Brest). Il a été encadré par P. Meseure, A. Kheddar, F. Faure. Dans ce projet, j'ai apporté les problématiques rencontrées dans l'équipe MCM pour le placement optimal de robot, la génération de trajectoire avec les systèmes multi-agents ainsi que l'animation de mannequin.

Projet MathStic "Robots Cuspidaux et Racines Triples" (2002) : Ce projet a regroupé une équipe de l'IRMAR et les projets COPRIN et SPACE de l'INRIA. Dans ce projet, nous avons réalisé pour la première fois la classification complète d'une sous-famille de manipulateurs orthogonaux et nous avons montré ainsi tout l'intérêt d'une collaboration pluridisciplinaire pour la classification des manipulateurs cuspidaux. Ce travail a été réalisé dans le cadre de la thèse de Maher Baili (2004) ainsi que du master (2004) et de la thèse de

Mazen Zein (2007).

Projet Robea MAX (2002-2003) et MPP (2004-2005) : Ce projet a regroupé une équipe du LIRMM, de l'INRIA (COPRIN), du LASMEA, du LARAMA et deux équipes de l'IRCCyN (Robotique et MCM). Dans ces projets, j'ai travaillé avec Philippe Wenger, Félix Majou, Fouad Bennis, Anatol Pashkevich et Stéphane Caro sur la conception optimale de mécanisme parallèle. L'Orthoglide a servi d'exemple d'application pour les stratégies de conception, les études de rigidité et la sensibilité aux erreurs de fabrication.

Projet Robea Anguille (2004-2006) : Ce projet a regroupé 5 laboratoires français, Laboratoire d'Ichtyologie, Laboratoire de Mécanique de Fluides (division Modélisation Numérique, division Hydrodynamique Navale), Institut de Recherche en Communications et Cybernétique de Nantes (équipe Robotique, équipe Méthodes de Conception Mécanique, équipe Systèmes Temps Réel), Laboratoire d'Automatique de Grenoble (équipe Systèmes – Commande), Laboratoire d'Informatique de Robotique et de Microélectronique de Montpellier (division Robotique Sous Marine). Dans ce projet, j'ai conçu avec Philippe Wenger une cinématique originale de vertèbres basée sur un mécanisme parallèle sphérique, réalisé avec Gaël Branchu (Assistant Ingénieur CAO) pour la maquette numérique du prototype et aidé Paul Molina (Technicien Fabrication) pour la fabrication.

Projet européen Enhance : Ce projet était lié au thème « intégration des processus d'industrialisation » et regroupé 50 partenaires industriels europeens répartis sur 10 pays, parmi lesquels les plus grosses sociétés aéronautiques - les partenaires Airbus, bien sur, mais également Alenia, Dassault, Thales Avionique, Snecma, Rolls-Royce. Dans notre équipe, six personnes y ont participé pendant trois ans. Ma contribution principale fut l'adaptation de programmes réalisés dans le cadre d'une thèse sur les études d'accessibilité en montage et démontage qui utilisent les techniques de type « multi-agents » pour les adapter aux données industrielles du projet, et ajouter de nouvelles fonctionnalités telles que l'ergonomie.

Projet européen NEXT "Next Generation Production Systems", IP 011815 (2005-2009) : Ce projet regroupe 24 partenaires européens. L'équipe robotique et MCM sont présents dans ce projet au travers du CNRS qui regroupe trois laboratoires, le LASMEA, le LIRMM et l'IRCCyN. Notre activité porte principalement sur l'étude des architectures parallèles de machines outils. Notre exemple d'application est la machine Verne construit pour l'IRCCyN par Fatronik. Nous développons des modèles géométriques symboliques direct et inverse permettant une implémentation plus rapide ainsi que le passage vers des modèles dynamiques. Une modélisation plus précise de l'espace de travail doit aussi permettre une augmentation de l'espace de travail utilisable. Ce projet sert de support pour la thèse de Daniel Kanaan (2005-2008) que je co-encadre avec Wisama Khalil et Philippe Wenger.

ANR SIROPA "Singularités des robots parallèles" (2007-2010) : Ce projet regroupe 5 laboratoires, le projet COPRIN de l'INRIA de Sophia-Antipolis, l'IRCCyN, l'IRMAR, le LINA, le projet SALSA de l'INRIA de Rocquencourt. Dans ce projet, je dois contribuer à la définition d'outils innovants et suffisamment génériques permettant le calcul et la gestion des singularités des robots parallèles. Les champs d'application sont ceux de la robotique parallèle, c'est-à-dire principalement la robotique manufacturière et les machines-outils, la robotique médicale et les interfaces haptiques.

ANR RAAMO "Robot Anguille Autonome pour Milieux Opaques" (2007-2010) : Ce projet regroupe 6 laboratoires, l'IRCCyN, le LMF (Laboratoire de Mécanique des Fluides de Nantes), le LAG (Laboratoire d'Automatique de Grenoble), SUBATECH, 3S (Laboratoire Sols-Solides-Structures de Grenoble et UNIC (Unité de Neurosciences Intégratives et Computationnelles). Dans ce projet, je dois transférer les connaissances acquises dans le cadre du projet ROBEA Anguille sur la construction de la peau et réaliser la modélisation de la tête et de la queue.

Projet EMC2-MDO (2006-2009) : Ce projet regroupe 5 partenaires, Sirehna, DCNS, Mecachrome, Barre Thomas et l'IRCCyN et à pour objet le développement de plates-formes de conception optimale industrielle en intégrant des moyens de simulation numériques.

Projet Atlanstic, méthode hybride de calcul d'espace de travail de robots parallèles et robot coopératifs (2005-2007) : Ce projet est un projet exploratoire entre l'équipe MCM de l'IRCCyN et l'équipe MEO du LINA. L'objet est d'intégrer les méthodes d'analyse par intervalle dans nos travaux sur les mécanismes.

3.4. Organisation de colloque

- *2004* Participation à l'organisation d'une réunion à Nantes dans le cadre du réseau Mantys avec Philippe Dépincé (60 personnes, avril 2004).
- *2007-2008* Participation à l'organisation de la 11ème conférence ARK (International Symposium on Advances in Robot Kinematics) organisée par

l'IRCCyN à Batz-sur-Mer (juin 2008).

3.5. Activités d'intérêt général

- Depuis octobre 1999 : Responsable WEB de l'équipe MCM.
- Entre 2001-2005 : Membre élu au département d'enseignement IPSI.
- Depuis 2000 : Membre élu au conseil de l'IRCCyN.
- Depuis 2004 : Membre nommé de la Commission de Spécialistes, 60ème section "Mécanique, Génie Mécanique, Génie Civil" de l'école Centrale de Nantes (suppléant puis titulaire avec Georges Dumont).
- Depuis 2006 : Membre nommé suppléant de la Commission de Spécialistes, 60ème section "Mécanique, Génie Mécanique, Génie Civil" de l'Université Pierre et Marie Curie.
- Depuis 2006 : Membre du Conseil scientifique et technologique de l'ENIB.

3.6. Rayonnement

- Depuis 2006 : Secrétaire du Comité Français pour la Promotion de la Science des Mécanismes et des Machines.
- Depuis 2006 : Éditeur associé pour le journal Transactions de la Société Canadienne de Génie Mécanique.
- Examinateurs dans les jurys de thèse hors Nantes :
    - Pierre Payeur, "Modélisation d'Environnements Tridimensionnels par Octrees Probabilistes pour la Planification de Trajectoire d'un Télémanipulateur", (D. Rancourt, D. Laurendeau, D. Chablat, C. Gosselin, A. Zaccarin), Faculté des Sciences et de Génie de l'Université Laval, Québec, Canada, 30 juin 1999.
    - Mourad Karouia, "Conception Structurale de Mécanismes Parallèles Sphériques", (J.-C. Guinot, J.-P. Lallemand, Ph. Bidaud, C. Bidard, D. Chablat, J.-M. Hervé), École Centrale des Arts et Manufactures, Paris, 25 septembre 2003.
    - Sébastien Briot, "Analyse et Optimisation d'une Nouvelle Famille de Manipulateurs Parallèles aux Mouvements Découplés", (G. Gogu, P. Wenger, V. Arakelyan, P. Bidaud, D. Chablat, V. Glazunov, S. Guegan), Institut National des Sciences Appliquées de Rennes, 20 juin 2007.
    - Cédric Baradat, "Contribution à l'optimisation du système robotisé

SurgiScope", (M. Dahan, P. Wenger, D. Chablat, J.-M. Hervé, X. Priquel, V. Arakelyan, S. Guegan), Institut National des Sciences Appliquées de Rennes, 4 décembre 2007.
- Examinateurs dans les jurys de thèse à Nantes :
  - Sylvain Guegan, "Contribution à la modélisation et à l'identification dynamique des robots parallèles", (G. Gogu, F. Pierrot, D. Chablat, W. Khalil, J.P. Merlet et M. Renaud), École Polytechnique de l'Université de Nantes, Nantes, France, décembre 2003.
  - Mahmoud Sharokhi, "Intégration d'un modèle de situation de travail pour l'aide à la formation et à la simulation lors de la conception et l'industrialisation de systèmes", (F. Vaderhagen, E. Fadier, G. Fadel, D. Chablat, P. Martin, P. Cacciabue, A. Bernard), École Centrale de Nantes et Université de Nantes, Nantes, 5 décembre 2006.
- Évaluateur de papiers pour les revues IEEE Transaction on Robotics & Automation, ASME Journal of Mechanical Design, Mechanism and Machine Theory, IEEE Robotics and Automation magazine, Robotica, Mécanique et Industrie, ...
- Évaluateur de papiers pour les conférences ICRA, ARK, DETC, ECC, Iftomm, Eucomes, ...
- Évaluateur pour le Conseil de recherches en sciences naturelles et en génie du Canada (CRSNG) en 2006 et 2007.

4. ACTIVITES D'ENSEIGNEMENT

4.1. École Centrale de Nantes, département d'enseignement IPSI

1996-1998	1ᵉʳ année	TD de Bureau d'étude
		10h de TD pour 1 groupe de 24 étudiants par an
1996-1998	1ᵉʳ année	TP de dessin assisté par ordinateur sur AutoCad
		45h de TP pour 24 étudiants par an
1996-1998 1999-2003	2ᵉᵐᵉ année	TP de programmation C
		5h de TP pour 2 groupes de 15 étudiants par an.
1996-1998 Depuis 1999	3ᵉᵐᵉ année	CMOSR : TP de programmation de robot sous Cimstation pui eM-Worksplace
		10h de TP pour 3 groupes de 15 étudiants par an.
Depuis 2002	3ᵉᵐᵉ année	RVOP : Cours, TD et TP de Réalité Virtuelle en Conception de Produit
		10h de cours et 10h de TP pour 15 étudiants par an.
Depuis 2005	3ᵉᵐᵉ année	SYMCO Cours de modélisation de mannequin numérique
		1h de cours pour 15 étudiants par an.

Après avoir été formé à Autocad 13 et 14, Génius et Mechanical Desktop, j'ai écris avec M. Fouad Bennis, les sujets de TP destinés aux étudiants de première année de l'ECN. Ce support de cours a été utilisé par tous les étudiants de première année de l'École Centrale de Nantes pendant 5 ans.

Dans le cadre d'AIP Priméca, j'ai écris avec Fouad Bennis, Georges Colmard et Jean-Claude Léon, un cours nommé "la réalité virtuelle pour le développement de produits". Ce cours a été porté sur une plate-forme pédagogique (Claroline) et traduit en anglais pour être enseigné à l'université de Tsinghua par Philippe Dépincé (Projet AIP-Priméca, Centre d'Innovation en Gestion du Cycle de Vie des Produits).

4.2. Formation Continue et par apprentissage de l'ITII Pays de la Loire.

L'école Centrale de Nantes, est l'établissement habilité à délivrer le diplôme

Activités d'enseignement

d'ingénieur de la filière Mécanique de la formation ITII Pays de la Loire (Institut des Techniques d'Ingénieur de l'Industrie). Depuis 1999, j'interviens dans les enseignements des matières suivantes :

Depuis 1999	1ère année	Conception sous SolidWorks
		8h de cours et 16h de TP pour 2 groupes de 18 étudiants
Depuis 1999	3ème année	Conception évoluée sous CATIA
		8h de cours et 20h de TP pour 14 étudiants

4.3. Responsabilités administratives

- Depuis 2007 : responsable du cours "Conception/Fabrication" de première année de l'ITII des Pays de la Loire, filière Mécanique.
- Depuis 2007 : responsable de l'option "Conception" de troisième année de l'ITII des Pays de la Loire, filière Mécanique.
- Depuis 2007 : responsable avec Fouad Bennis du cours "Réalité Virtuelle en Développement de Produit" (RVCOP) de troisième année de l'ECN, option DPSI.
- À partir de septembre 2008 : responsable de la spécialité "Conception de systèmes et de produits" du Master « Sciences Macaniques Appliquése ».

5. PUBLICATIONS ET ENCADREMENTS

5.1. Tableau résumant le type et le nombre de publications et travaux

Publications	Total
A- Revues spécialisées avec comité de lecture	25
B- Ouvrages de synthèse	6
C- Conférences internationales avec actes et comité de lecture	77
D- Colloques avec actes à diffusion restreinte	4
G- Rapports de contrat	5
H- Rapports internes	3
I- Brevets	4
Encadrement de Travaux de Fin d'Étude 11 étudiants 2 étudiants	Taux d'encadrement 100% 50%
Encadrements de DEA/Master 13 étudiants 1 étudiant	 50% 100%
Encadrements de Thèse	Taux d'encadrement
Félix Majou, début le 1/10/2000, soutenue le 24/09/2004	35%
Maher Baili, début le 1/10/2001, soutenue le 13/12/2004	50%
Antoine Rennuit, début le 1/1/2003, soutenue le 24/02/2006	90%
Mazen Zein, début le 1/10/2004, soutenue le 9/07/2007	50%
Daniel Kanaan, début le 1/10/2005, soutenue le 24/11/2008	30%
Liang Ma, début le 1/10/2006, soutenue le 19/10/2009	50%
Raza Ur-Rehman, début le 1/10/2006, soutenue le 17/12/2009	30%

Publications et encadrements

5.2. Encadrements de thèses

1- Félix Majou : « Analyse cinétostatique des machines parallèles à translations »

Thèse de Doctorat de l'Ecole Centrale de Nantes et de l'Université de Nantes, 24 septembre 2004,

Jury : L. Baron, D. Chablat, C. Gosselin, J.P. Merlet, M. Nahon, F. Pierrot et P. Wenger.

Co-encadrement : 35 %. (Directeur de thèse P.Wenger et C. Gosselin).

Situation actuelle : Ingénieur chez ABN Amro Bank (Angleterre).

2- Maher Baili : « Analyse et classification des robots 3R à axes orthogonaux »

Thèse de Doctorat de l'École Centrale de Nantes et de l'Université de Nantes, soutenue le 13 décembre 2004,

Jury : D. Chablat, M. Costes, J.P. Lallemand, E. Ottaviano, M. Renaud, F. Rouillier et P. Wenger.

Co-encadrement : 50 %. (Directeur de thèse P. Wenger).

Situation actuelle : Maître de conférence à l'ENI de Tarbes

3- Antoine Rennuit, « Contribution au Contrôle des Humains Virtuels Interactifs »

Thèse de Doctorat de l'Ecole Centrale de Nantes et de l'Université de Nantes, soutenue 24 février 2006,

Jury : Jean Paul Laumond, Ronan Boulic, Philippe Bidaud, Patrick Chedmail, Alain Micaelli, Nicolas Chevassus, Claude Andriot, Damien Chablat, François Guillaume

Co-encadrement : 90 %. (Directeur de thèse P. Chedmail).

Situation actuelle : Ingénieur chez Natural Motion (Angleterre).

4- Mazen Zein, « Conception de machines parallèles »

Thèse de Doctorat de l'Ecole Centrale de Nantes et de l'Université de Nantes, soutenue le 9 juillet 2007,

Co-encadrement : 50 %. (Directeur de thèse P. Wenger)

Situation actuelle : Ingénieur chez Faurecia (France).

5- Kanaan Daniel, « Contribution à l'étude cinématique et dynamique des machines parallèles », 33% co-encadrement avec Ph. Wenger et W. Khalil.

Publications et encadrements

6- **Ma Liang**, « Evaluation de la fatigue humaine », 50% co-encadrement avec J. Bennis.

7- **Raza Ur-Rehman**, « Conception optimale de machines parallèles : applications aux architectures de type Delta-linéaires », 33% co-encadrement avec Ph. Wenger et Stéphane Caro.

5.3. Revues spécialisées avec comité de lecture

A-01-1   CHABLAT D., WENGER P.,
" Les Domaines d'Unicité des Manipulateurs Pleinement Parallèles ",
Mechanism and Machine Theory, Vol 36(6), pp. 763-783, 2001.

A-02-1   CHABLAT D. ANGELES J.,
" On the Kinetostatic Optimization of Revolute-Coupled Planar Manipulators ",
Mechanism and Machine Theory, Vol 37(4), pp. 351-374, Avril 2002.

A-02-2   WENGER P., GOSSELIN C. ET CHABLAT D.,
" A Comparative Study of Parallel Kinematic Architecture for Machining Applications ",
Electronic Journal of Computational Kinematics, Vol. 1(1), May 2002.

A-03-1   CHABLAT D. ET WENGER P.,
" Architecture Optimization of a 3-DOF Parallel Mechanism for Machining Applications, the Orthoglide ",
IEEE Transactions On Robotics and Automation, Vol. 19(3), pp. 403-410, Juin 2003.

A-03-2   CHABLAT D., ANGELES, J.,
" The Computation of All 4R Serial Spherical Wrists With an Isotropic Architecture ",
ASME Journal of Mechanical Design, Vol. 125(2), pp. 275-280, Juin 2003.

A-03-3   CHEDMAIL P., CHABLAT D., LE ROY CH.,
" A distributed Approach for Access and Visibility Task with a Manikin and a robot in a Virtual Reality Environment ",
IEEE Transactions on Industrial Electronics, Vol 50 No 4, pp. 692-698, Août 2003.

A-04-1   CHABLAT D., BENNIS F., HOESSLER B. ET GUIBERT M.,
" Périphériques haptiques et simulation d'objets, de robots et de mannequins dans un environnement de CAO-Robotique : eM-Virtual Desktop ",
Mécanique et Industrie, Mars-Avril 2004.

Publications et encadrements

A-04-2   CHABLAT D., WENGER P., MAJOU F. ET MERLET J.P.,
"An Interval Analysis Based Study for the Design and the Comparison of 3-DOF Parallel Kinematic Machines",
International Journal of Robotics Research, pp. 615-624, Vol. 23(6), juin 2004.

A-04-3   BAILI M., WENGER P., CHABLAT D,
" Kinematic Analysis of a Family of 3R manipulators ",
Problems of Applied Mechanics, Vol. 15(2), pp 27–32, juillet 2004.

A-04-4   WENGER PH, CHABLAT D. ET PASHKEVICH A,
"Geometric synthesis of orthoglide-type mechanisms",
Transactions of Belarusian Engineering Academy, No 1(17)/4, pp.69-72, 2004

A-05-1   PASHKEVICH A., WENGER P. ET CHABLAT D.,
" Design Strategies for the Geometric Synthesis of Orthoglide-type Mechanisms ",
Mechanism and Machine Theory, Vol. 40(8), pp. 907-930, Août 2005 (0.750).

A-05-2   WENGER P., CHABLAT D. ET BAILI M.,
" A DH-parameter based condition for 3R orthogonal manipulators to have 4 distinct inverse kinematic solutions ",
ASME Journal of Mechanical Design, Vol. 127, pp. 150-155, Janvier 2005.

A-06-1   PASHKEVICH A, CHABLAT D. ET WENGER P.,
" Kinematics and Workspace Analysis of a Three-Axis Parallel Manipulator: the Orthoglide ",
Robotica, Vol. 24(1), pp. 39-49, Janvier 2006.

A-06-2   CARO S., WENGER P., BENNIS F. ET CHABLAT D.,
" Sensitivity Analysis of the Orthoglide, a 3-DOF Translational Parallel Kinematic Machine ",
ASME Journal of Mechanical design, Vol. 128, pp. 392-402, Mars 2006.

A-06-3   CHABLAT D. ET ANGELES J.,
" The Design of a Novel Prismatic Drive for a Three-DOF Parallel-Kinematics Machine ",
ASME Journal of Mechanical design, Vol. 128(4), pp. 710-718, 2006.

A-06-4   ZEIN M., WENGER P. ET CHABLAT D.,
" An Exhaustive Study of the Workspaces Topologies of all 3R Orgthogonal Manipulators with Geometric Simplifications ",
Mechanism and Machine Theory, Vol. 41(8), Août 2006, Pages 971-986.

Publications et encadrements

A-06-5 **CHABLAT D. ET ANGELES J.**,
"Stratégies de conception pour optimiser la transmission Slide-o-cam",
Mécanique et Industrie, Vol. 7, pp. 301-309, 2006.

A-07-1 **MAJOU F., GOSSELIN C., WENGER P. ET CHABLAT D.**,
" Parametric stiffness analysis of the Orthoglide ",
Mechanism and Machine Theory, Volume 42(3), pp. 296-311, Mars 2007 (0.750).

A-07-2 **KANAAN D., WENGER P. ET CHABLAT D.**,
"Workspace Analysis of the Parallel Module of the VERNE Machine",
Problems of Mechanics, Vol. 4(25), pp. 26-42, 2006

A-07-3 **CHABLAT D., CARO S., ET BOUYER E.**,
"The Optimization of a Novel Prismatic Drive",
Problems of Mechanics, No 1(26), pp. 32-42, 2007

A-07-4 **WENGER P., CHABLAT D. ET ZEIN M.**,
"Degeneracy study of the forward kinematics of planar 3-RPR parallel manipulators",
ASME Journal of Mechanical Design, Décembre 2007.

A-07-5 **ZEIN M., WENGER P ET CHABLAT D.**,
"Singular Curves in the Joint Space and Cusp Points of 3-RPR parallel manipulators",
Robotica, Vol. 25(6), pp. 717-724, Novembre 2007.

A-08-1 **ZEIN M., WENGER P. ET CHABLAT D.**,
"Non-Singular Assembly-mode Changing Motions for 3-RPR Parallel Manipulators",
Mechanism and Machine Theory, Vol 43(4), pp. 480-490, 2008.

A-08-2 **BRIOT S, BONEV I, CHABLAT D, WENGER P ET ARAKELIAN V.**,
"Self-Motions of General 3-RPR Planar Parallel Robots",
International Journal of Robotics Research, à paraître, 2008.

A-08-3 **KANAAN D., WENGER P. ET CHABLAT D.**,
"Kinematic Analysis of a Serial – Parallel Machine Tool: the VERNE machine",
Mechanism and Machine Theory, à paraître, 2008.

Le tableau suivant donne le facteur d'impact des journaux en 2006 dans lesquels j'ai publié.

Publications et encadrements

	Indice d'impact	Nombre de publication
Mechanism and Machine Theory	0.75	7
Journal of Mechanical Design,	1.252	5
International Journal of Robotics Research	1.591	2
Robotica	0.483	2
Transactions On Robotics	1.763	1
Transactions on Industrial Electronics	0.590	1

5.4. Ouvrages de synthèse

B-98-1 CHABLAT D., WENGER P., ANGELES J.,
" The Kinematic Design of a 3-DOF Hybrid Manipulator ",
IDMME 98, Kluwer Academic Publisher, J.L. Batoz, P. Chedmail, G. Cognet et C. Fortin, 1999, sélection d'article d'IDMME 98.

B-00-1 CHABLAT D., WENGER P., ANGELES J.,
" Isotropic Design of a Parallel Machine-Tool Mechanism ",
IDMME 2000, Kluwer Academic Publisher, J.L. Batoz, P. Chedmail, G. Cognet et C. Fortin, 2002, sélection d'article d'IDMME 2000.

B-03-1 CARO S., CHABLAT D., WENGER P. ET ANGELES J.,
" The Isoconditioning Loci of Planar Three-DOF Parallel Manipulators ",
IDMME 2002, Kluwer Academic Publisher, G. Gogu, D. Coutellier, P. Chedmail et P. Ray, sélection d'article d'IDMME 2002, pp. 129-138, 2003.

B-06-1 BOYER F., ALAMIR M., CHABLAT D., KHALIL W., LEROYER A. ET LEMOINE PH.,
"Robot anguille sous-marin en 3D", Techniques de l'Ingénieur, S7856, 2006.

B-06-2 PASHKEVICH A., CHABLAT D. ET WENGER P.,
"Kinematic calibration of orthoglide-type mechanisms",
Information Control Problems in Manufacturing 2006 (A Proceedings Volume from the 12th IFAC Conference 17-19 May 2006, Saint-Etienne, France), pp. 149-154, 2006.

Publications et encadrements

B-08-1 PASHKEVICH A., CHABLAT D., WENGER P. ET GOMOLITSKY R.,
"Calibration of 3-d.o.f. Translational Parallel Manipulators Using Leg Observations",
Parallel Manipulators, New Developments, ISBN 978-3-902613-20-2, 2008.

5.5. Conférences internationales avec actes et comité de lecture

C-97-01 WENGER P., CHABLAT D.,
" Definition Sets for the Direct Kinematics of Parallel Manipulators ",
8th International Conference in Advanced Robotics, pp. 859-864, 1997.

C-97-02 WENGER P., CHABLAT D.,
" Uniqueness Domains in the Workspace of Parallel Manipulators ",
IFAC, Syroco' 97, Nantes, pp. 431-436, vol. 2, September 1997.

C-98-01 CHABLAT D., WENGER P.,
" Working Modes and Aspects in Fully-Parallel Manipulator ",
Proceeding IEEE International Conference on Robotics and Automation, pp. 1964-1969, May 1998.

C-98-02 CHABLAT D., WENGER P., ANGELES J.,
" The Isoconditioning Loci of A Class of Closed-Chain Manipulators ",
IEEE International Conference on Robotics and Automation, pp. 1970-1976, May 1998.

C-98-03 CHABLAT D., WENGER P., ANGELES J.,
" The Kinematic Design of a 3-DOF Hybrid Manipulator ",
2nd International Conference On Integrated Design and Manufacturing in Mechanical Engineering, Compiègne, France, Mai 1998.

C-98-04 CHABLAT, D., WENGER, PH.,
" Moveability and Collision Analysis for Fully-Parallel Manipulators ",
12th CISM-IFTOMM Symposium, RoManSy, Paris, Juillet, 1998.

C-98-05 WENGER P., CHABLAT D.,
" Workspace and Assembly modes in Fully-Parallel Manipulators: A Descriptive Study ",
Advances in Robot Kinematics and Computational Geometry, Kluwer Academic Publishers, pp. 117-126, 1998.

C-99-01 CHABLAT D., WENGER P.,
" On the Characterization of the Regions of Feasible Trajectories in the Workspace of Parallel Manipulators ",
IFTOMM, Oulu, Juin, 1999.

Publications et encadrements

C-99-02 **CHABLAT D., WENGER P.**,
" Regions of Point-to-Point trajectories in the Workspace of Fully Parallel Manipulators ",
25th Design Automation Conference, ASME, Las Vegas, Septembre, 1999.

C-99-03 **SLUTSKI L., CHABLAT D., ANGELES J.**,
" The Kinematics of Manipulators Built from Closed Planar Mechanisms ",
Proceedings of the IEEE/ASME International Conference on Advanced Intelligent Mechatronics, Atlanta, GA, pp. 531–536, September 19–23, 1999.

C-00-01 **CHABLAT D., WENGER P., ANGELES J.**,
" Conception Isotropique d'une morphologie parallèle : Application à l'usinage ",
3rd International Conference On Integrated Design and Manufacturing in Mechanical Engineering, Montreal, Canada, Mai 2000.

C-00-02 **CHABLAT D., WENGER P.**,
" A New three-DOF Parallel MECHANISM: milling machine Applications ",
The 2nd Chemnitz Parallel Kinematics Seminar, Chemnitz, Avril 2000.

C-00-03 **WENGER PH, CHABLAT D.**,
" Kinematic Analysis of a New Parallel Machine Tool: the Orthoglide ",
7th International Symposium on Advances in Robot Kinematics, Slovenia, Juin 2000.

C-00-04 **ANGELES J., CHABLAT D.**,
" On isotropic sets of points in the plane. Application to the design of robot architectures ",
7th International Symposium on Advances in Robot Kinematics, Slovenia, Juin 2000.

C-01-01 **WENGER PH, GOSSELIN C. ET CHABLAT D.**,
" A Comparative Study of Parallel Kinematic Architectures for Machining Applications ",
2nd Workshop on Computational Kinematics, Séoul, Korée, pp. 249-258, Mai 2001.

C-01-02 **CHABLAT D., ANGELES J.**,
" The Computation of All 4R Serial Spherical Wrists With an Isotropic Architecture ",
2nd Workshop on Computational Kinematics, Séoul, Korée, pp. 1-10, Mai 2001.

Publications et encadrements

C-01-03 **MAJOU F., WENGER P., CHABLAT D.,**
"The Design of Parallel Kinematic Machine Tools Using Kinetostatic Performance Criteria",
3d Int. Conference on Metal Cutting, Metz, France, Juin, 2001.

C-01-04 **BIDAULT F., CHABLAT D., CHEDMAIL P., PINO L.,**
"A distributed Approach for Access and Visibility Task under Ergonomic Constraints with a Manikin in a Virtual Reality Environment",
Proceeding of the 10th IEEE International Workshop on Robot and Human Communication, September 2001, Bordeaux-Paris 18-21 pp. 32-37.

C-02-01 **GUEGAN S., KHALIL W., CHABLAT D. ET WENGER P.,**
"Modélisation Dynamique d'un Robot Parallèle à 3-DDL: l'Orthoglide",
Conférence Internationale Francophone d'Automatique, Nantes, 8 au 10 juillet 2002.

C-02-02 **WENGER P., CHABLAT D. ET MAJOU F.,**
"L'orthoglide : une machine-outil rapide d'architecture parallèle isotrope",
$2^{\text{ème}}$ Assises Machines et Usinage à Grande Vitesse, Lilles 13-14 mars 2002, pp. 141-148.

C-02-03 **MAJOU F., WENGER P. ET CHABLAT D.,**
"Design of a 3-Axis Parallel Machine Tool for High Speed Machining: The Orthoglide",
4ème Conférence Internationale sur la Conception et la fabrication Intégrées en Mécanique, IDMME, Clermont-Ferrand, France, 14 au 16 mai 2002.

C-02-04 **CHABLAT D., CARO S., WENGER P. ET ANGELES J.,**
"The Isoconditioning Loci of Planar Three-DOF Parallel Manipulators",
4ème Conférence Internationale sur la Conception et la fabrication Intégrées en Mécanique, IDMME, Clermont-Ferrand, France, 14 au 16 mai 2002.

C-02-05 **MAJOU F., WENGER P. ET CHABLAT D.,**
"A Novel method for the design of 2-DOF Parallel mechanisms for machining applications",
8th International Symposium on Advances in Robot Kinematics, Kluwer Academic Publishers, Caldes de Malavella, Espagne, Juin 2002.

Publications et encadrements

C-02-06 **CHABLAT D., WENGER P. ET MERLET J-P,**
" Workspace Analysis of the Orthoglide using Interval Analysis ",
8th International Symposium on Advances in Robot Kinematics, Kluwer Academic Publishers, Caldes de Malavella, Espagne, Juin 2002.

C-02-07 **CHABLAT D., CARO S., WENGER P. ET ANGELES J.,**
" The Isoconditioning Loci of Planar Three-DOF Parallel Manipulators ",
29th Design Automation Conference, ASME, Montréal, Septembre-Octobre, 2002.

C-02-08 **CHABLAT D. ET WENGER PH,**
" Design of a Three-Axis Isotropic Parallel Manipulator for Machining Applications: The Orthoglide ",
Workshop on Fundamental Issues and Future Research Directions for Parallel Mechanisms and Manipulators, October 3 - 4, Québec, Québec, Canada, 2002.

C-02-09 **CHABLAT D., BENNIS F., HOESSLER B. ET GUIBERT M.,**
" Phériphériques haptiques et simulation d'objets, de robots et de mannequins dans un environnement de CAO-Robotique : eM-Virtual Desktop ",
Virtual Concept, pp. 51-56, Biarritz, Octobre, 2002.

C-03-01 **BAILI M., WENGER P. ET CHABLAT D.,**
" Classification d'une famille de manipulateurs 3R ",
Colloque AIP-Priméca, La Plagne, Avril 2003.

C-03-02 **BAILI M., WENGER P. ET CHABLAT D.,**
" Classification of one family of 3R positioning Manipulators ",
The 11Th International Conference on Advanced Robotics, University of Coïmbra - Portugal, 30 juin – 3 juillet 2003.

C-03-03 **CHABLAT D., MAJOU F. ET WENGER P.,**
" The Optimal Design of a Three Degree-of-Freedom Parallel Mechanism for Machining Applications ",
The 11Th International Conference on Advanced Robotics, University of Coïmbra - Portugal, 2003.

C03-04 **CHABLAT D. ET WENGER P.,**
" A New Concept of Modular Parallel Mechanism for Machining Applications",
Proceeding IEEE International Conference on Robotics and Automation, 14-19 Septembre 2003.

C-03-05 **DEPINCE P., TRACHT K., CHABLAT D., WOELK P.-O.,**
" Future Trends of the Machine Tool Industry ",
Technical Workshop on Virtual Manufacturing, October 2003, EMO'2003, Milano.

Publications et encadrements

C-03-06 **PETIOT J.-P., CHABLAT D.,**
" Subjective Evaluation of Forms in a Immersion Environnement ",
Virtual Concept, Biarritz, 8-10 Novembre, 2003.

C03-07 **CHABLAT D., BENNIS F.,**
" Realistic Rendering of Kinetostatic Indices of Mechanism ",
Virtual Concept, Biarritz, Novembre, 2003.

C-04-01 **CHABLAT D., WENGER P. ET MERLET, J.-P.,**
" A Comparative Study between Two Three-DOF Parallel Kinematic Machines using Kinetostatic Criteria and Interval Analysis ",
11th World Congress in Mechanism and Machine Science, Avril, 2004.

C-04-02 **BAILI M., WENGER P. ET CHABLAT D.,**
" A Classification of 3R Orthogonal Manipulators by the Topology of their Workspace ",
Proc. IEEE Int. Conf. Rob. and Automation, Avril-Mai 2004.

C-04-03 **WENGER P., BAILI M. ET CHABLAT D.,**
" A Workspace Based Classification of 3R Orthogonal Manipulators ",
9th International Symposium on Advances in Robot Kinematics, Kluwer Academic Publishers, Juin 2004.

C04-04 **PASHKEVICH A., CHABLAT D. ET WENGER P.,**
"The Orthoglide: Kinematics and Workspace Analysis ", 9th International Symposium on Advances in Robot Kinematics, Kluwer Academic Publishers, Juin, 2004.

C-04-05 **DEPINCE P., CHABLAT D., NOËL E. ET WOELK P.O.,**
"The Virtual Manufacturing concept: Scope, Socio-Economic Aspects and Future Trends",
ASME Design Engineering Technical Conferences, September-October 28-2, Salt Lake City, Utah, USA, 2004.

C-04-06 **RENOTTE J., CHABLAT D. ET ANGELES J.,**
"The Design of a Novel Prismatic Drive for a Three-DOF Parallel-Kinematics Machine",
ASME Design Engineering Technical Conferences, September-October 28-2, Salt Lake City, Utah, USA, 2004.

C-04-07 **CARO S., WENGER P., BENNIS F. ET CHABLAT D.,**
"Sensitivity Analysis of the Orthoglide, a 3-DOF Translational Parallel Kinematic Machine",
ASME Design Engineering Technical Conferences, September-October 28-2, Salt Lake City, Utah, USA, 2004.

C-04-08 **MAJOU F., GOSSELIN C., WENGER P. ET CHABLAT D.,**
"Parametric Stiffness Analysis of the Orhtoglide",
International Symposium on Robotics, 2004.

Publications et encadrements

C-04-09 RENNUIT A., MICAELLI A., ANDRIOT C., GUILLAUME F., CHEVASSUS N., CHABLAT D., CHEDMAIL P.,
"Designing a Virtual Manikin Animation Framework Aimed at Virtual Prototyping",
Laval Virtual 2004.

C-04-10 CHABLAT D. ET WENGER P.,
"The Kinematic Analysis of a Symmetrical Three-Degree-of-Freedom Planar Parallel Manipulator",
CISM--IFToMM Symposium on Robot Design, Dynamics and Control, Montréal, Juin 2004.

C-04-11 DEPINCE PH., CHABLAT D. ET WOELK P.O.,
"Virtual Manufacturing : Tools for improving Design and Production",
CIRP International Design Seminar, 2004.

C-05-01 CHABLAT D. ET WENGER P.,
"Design of a Spherical Wrist with Parallel Architecture: Application to Vertebrae of an Eel Robot",
Proc. IEEE Int. Conf. Robotics and Automation, Avril 2005

C-05-02 CHABLAT D. ET ANGELES J.,
"Design Strategies of Slide-o-Cam Transmission", Proceedings of CK2005, International Workshop on Computational Kinematics, Cassino May 4-6, 2005

C-05-03 ZEIN M., WENGER P. ET CHABLAT D.,
"An Exhaustive Study of the Workspace Topologies of all 3R Orthogonal Manipulators with Geometric Simplifications",
Proceedings of CK2005, International Workshop on Computational Kinematics, Cassino May 4-6, 2005

C-05-04 BAILI M., CHABLAT D. ET WENGER P.,
"Analyse Comparative des Manipulateurs 3R à Axes Orthogonaux",
Congrès international Conception et Modélisation des Systèmes Mécaniques (CMSM), Hammamet, Tunisie, Mars, 2005.

C-05-05 RENNUIT A., MICAELLI A., MERLHIOT X., ANDRIOT C., GUILLAUME F., CHEVASSUS N., CHABLAT D., CHEDMAIL P.,
"Passive Control Architecture for Virtual Humans",
Proceeding International Conference on Intelligent Robots and Systems, Edmonton, Canada, 3-5 août 2005.

C-05-06 RENNUIT A., MICAELLI A., MERLHIOT X., ANDRIOT C., GUILLAUME F., CHEVASSUS N., CHABLAT D., CHEDMAIL P.,
"Integration of a Balanced Virtual Manikin in a Virtual Reality Platform aimed at Virtual Prototyping",
Virtual Concept 2005, Biarritz France, 8-10 Novembre 2005.

Publications et encadrements

C-05-07 **CHABLAT D. ET WENGER P.**,
"A New Six Degree-of-Freedom Haptic Device based on the Orthoglide and the Agile Eye",
Virtual Concept 2005, Biarritz France, 8-10 Novembre 2005.

C-05-08 **BENNIS F, CHABLAT D., DEPINCE P.**,
"Virtual reality: A human centered tool for improving Manufacturing", Virtual Concept 2005, Biarritz France, 8-10 Novembre 2005.

C-05-09 **RENNUIT A., MICAELLI A., MERLHIOT X., ANDRIOT C., GUILLAUME F., CHEVASSUS N., CHABLAT D., CHEDMAIL P.**,
"Balanced Virtual Humans Interacting with their Environment",
Summer Computer Simulation Conference, 24-28 Juillet, Philadelphia, USA, 2005

C-06-01 **BONEV I., CHABLAT D. ET WENGER P.**,
"Working and Assembly Modes of the Agile Eye",
IEEE International Conference On Robotics And Automation, Orlando, USA, 2006.

C-06-02 **ZEIN M., WENGER P. ET CHABLAT D.**,
"Singular curves and cusp points in the joint space of 3-RPR parallel manipulators", IEEE International Conference On Robotics And Automation, Orlando, USA, 2006.

C-06-03 **PASHKEVICH A., CHABLAT D. ET WENGER P.**,
"Kinematic calibration of orthoglide-type mechanisms",
IFAC Symposium on Information Control Problems in Manufacturing, St Etienne, France, 2006.

C-06-04 **ZEIN M., WENGER P. ET CHABLAT D.**,
"An Algorithm for Computing Cusp Points in the Joint Space of 3-RPR Parallel Manipulators",
European Conference on Mechanism Sciences, EuCoMeS, Obergurgl, Austria, 2006.

C-06-05 **CHABLAT D., WENGER P. ET BONEV I.**,
"Self Motions of a Specail 3-RPR Planar Parallel Robot",
10th International Symposium on Advances in Robot Kinematics, Kluwer Academic Publishers, Juin, 2006.

C-06-06 **WANG Y., ZHANG W., BENNIS F ET CHABLAT D.**,
"An Integrated Simulation System for Human Factors Study",
The Institute of Industrial Engineers Annual Conference, Orlando, Florida, May 20 - 24, 2006.

C-06-07 **MORENO H., PAMANES A., WENGER P. ET CHABLAT D.**,
"Global Optimization of Performance of & 2PRR Parallel Manipulator for Cooperative Tasks",
3rd International Conference on Informatics in Control, Automation & Robotics, Setubal, Portugal, Août, 2006.

Publications et encadrements

C-06-08   ZHANG Q., CHABLAT D., BENNIS F. ET ZHANG W.,
"A Framework to Illustrate Kinematic Behavior of Mechanisms",
Virtual Concept 2006, 2006

C-06-09   CHABLAT D., WENGER P.,
"A Six Degree-Of-Freedom Haptic Device Based On The Orthoglide And A Hybrid Agile Eye",
ASME Design Engineering Technical Conferences, Septembre 10-13, Philadelphie, USA

C-07-01   KANAAN D., WENGER P. ET CHABLAT D.,
"Kinematics analysis of the parallel module of the VERNE machine",
12th World Congress in Mechanism and Machine Science, Besançon, Juin, 2007, IFToMM

C-07-02   CHABLAT D. ET CARO S.,
"The Kinetostatic Optimization of a Novel Prismatic Drive",
12th World Congress in Mechanism and Machine Science, Besançon, Juin, 2007, IFToMM

C-07-03   ZEIN M., WENGER P. ET CHABLAT D.,
"Singularity Surfaces and Maximal Singularity-Free Boxes in the Joint Space of Planar 3-RPR Parallel Manipulators",
12th World Congress in Mechanism and Machine Science, Besançon, Juin, 2007, IFToMM

C-07-04   ZEIN M., WENGER P. ET CHABLAT D.,
"A design oriented study for 3R Orthogonal Manipulators With Geometric Simplifications",
Congrès international Conception et Modélisation des Systèmes Mécaniques (CMSM), Monastir, Tunisie, Mars, 2007

C-07-05   PASHKEVICH A., WENGER P. ET CHABLAT D.,
"Kinematic and stiffness analysis of the Orthoglide, a PKM with simple, regular workspace and homogeneous performances",
IEEE International Conference On Robotics And Automation, Rome, Italie, Avril, 2007

C-07-06   PASHKEVICH A., GOMOLITSKY R., WENGER P ET CHABLAT D.,
"Calibration of quasi-isotropic parallel kinematic Machines: Orthoglide",
ICINCO 2007 – Fourth International Conference on Informatics in Control, Automation and Robotics, Angers, France; 9 - 12 Mai, 2007

C-07-07   BOUYER E., CARO S., CHABLAT D. ET ANGELES J.,
"The Multiobjective Optimization of a Prismatic Drive",
ASME Design Engineering Technical Conferences, Las Vegas, Nevada, Septembre, 2007

Publications et encadrements

C-07-08   **KANAAN D., WENGER P. ET CHABLAT D.**,
"Workspace and Kinematic Analysis of the VERNE machine",
International Conference on Advanced Intelligent Mechatronics, IEEE/ASME, ETH Zürich, Suisse, 4-7 Septembre 2007.

C-08-01   **PASHKEVICH A., CHABLAT D., WENGER P.**,
" Stiffness Analysis of 3-d.o.f. Overconstrained Translational Parallel Manipulators ",
Proc. IEEE Int. Conf. Rob. and Automation, Mai 2008.

C-08-02   **PACCOT F, LEMOINE P., ANDREFF N., CHABLAT D. ET MARTINET P.**,
"A Vision-based Computed Torque Control for Parallel Kinematic Machines",
Proc. IEEE Int. Conf. Rob. and Automation, Mai 2008.

C-08-03   **MA L., BENNIS F., CHABLAT D., ZHANG W.**,
" Framework for Dynamic Evaluation of Muscle Fatigue in Manual Handling Work ",
IEEE ICIT08, Avril 2008.

C-08-04   **RAKOTOMANGA N., CHABLAT D., CARO S.**,
"Kinetostatic performance of a planar parallel mechanism with variable actuation",
11th International Symposium on Advances in Robot Kinematics, Kluwer Academic Publishers, Nantes, France, juin, 2008.

C-08-05   **KANAAN D., WENGER P., CHABLAT D.**,
"Singularity Analysis of Limited-dof Parallel Manipulators using Grassmann-Cayley Algebra",
11th International Symposium on Advances in Robot Kinematics, Kluwer Academic Publishers, Nantes, France, juin, 2008.

C-08-06   **BEN-HORIN P., SHOHAM M., CARO S., CHABLAT D., WENGER P.**,
"SINGULAB – A Graphical user interface for the singularity analysis of parallel robots based on Grassmann-Cayley algebra",
11th International Symposium on Advances in Robot Kinematics, Kluwer Academic Publishers, Nantes, France, juin, 2008.

5.6. Colloques avec actes à diffusion restreinte

D-99-01   **CHABLAT D., WENGER PH,**
" La Parcourabilité pour les Manipulateurs Pleinement Parallèles ",
6e Colloque sur la Conception Mécanique Intégrée, La Plagne, pp. 181-188, Avril 1999.

D-03-01   **DÉPINCÉ P, TRACHT K., CHABLAT D., WOELK P.-O.**,
"Future Trends of the Machine Tool Industry",
Technical Workshop on Virtual Manufacturing, October 2003, EMO'2003, Milano.

Publications et encadrements

D-03-02 **BAILI M., WENGER P. ET CHABLAT D.**,
"Classification d'une famille de manipulateurs 3R",
Colloque AIP-Priméca, La Plagne, Avril 2003.

D-06-01 **CHABLAT D.**,
"Animation of virtual mannequins, robot-like simulation or motion captures",
3D Modelling Conferences - 3D Human, Juin, 2006, Paris

5.7. Encadrements de DEA/Masters

E-00-01 **FLORENCE BIDAULT**,
"Évaluation des Performances des Mécanismes Parallèles en Vue de leur Conception Optimale",
DEA Génie Mécanique, École Centrale Nantes, co-encadrement avec P. Wenger et J. Angeles.

E-02-01 **ANTOINE SCAILLIEREZ**,
Analyse de la sensibilité de mécanismes : application à l'orthoglide",
DEA Génie Mécanique, École Centrale Nantes, co-encadrement avec F. Bennis

E-02-02 **STEPHANE CARO**,
"Les courbes d'iso-conditionnement pour la conception d'un manipulateur parallèle plan de type 3PRR",
DEA Génie Mécanique, École Centrale Nantes, co-encadrement avec P. Wenger et J. Angeles.

E-03-01 **BERTRAND BOURCIER**,
"Évaluation de la rigidité de l'orthoglide",
DEA Génie Mécanique, École Centrale Nantes, co-encadrement avec P. Wenger.

E-04-01 **MAZEN ZEIN**,
"Conception géométrique de robots",
DEA Génie Mécanique, École Centrale Nantes, co-encadrement avec P. Wenger.

E-04-02 **DIDIER BRIAND**,
"Étude de la peau d'un robot anguille",
DEA Génie Mécanique, École Centrale Nantes, co-encadrement avec P. Wenger.

E-04-03 **PAUL LORNE**,
"Conception optimale d'une transmission par Slide-O-Cam",
DEA Génie Mécanique, École Centrale Nantes, co-encadrement avec P. Wenger et J. Angeles.

Publications et encadrements

E-05-01 **GERGES FADEL,**
"Étude d'un manipulateur parallèle sphérique pour la réalisation d'un robot anguille",
Master Génie Mécanique, École Centrale Nantes, co-encadrement avec Ph. Wenger.

E-05-02 **DANIEL KANAAN,**
"Évaluation du volume de travail d'une machine-outil parallèle du commerce",
Master Génie Mécanique, École Centrale Nantes, co-encadrement avec Ph. Wenger et Mazen Zein.

E-05-03 **ANTOINE DAGHER,**
"Simulation réaliste de mannequin à partir de motion capture",
Master Génie Mécanique, École Centrale Nantes, co-encadrement avec Ph. Wenger.

E-05-04 **FARAH BETTAIEB,**
Extension de l'architecture de l'Orthoglide : Ajout de deux axes virtuels de rotation,
Master Génie Mécanique, École Centrale Nantes, co-encadrement avec Ph. Wenger.

E-07-01 **KAMEL SAADANE,**
"Optimisation multi-objectives de la transmission Slide-o-cam",
Master Génie Mécanique, École Centrale Nantes, co-encadrement avec Stéphane Caro.

E-07-02 **LOTFI CHIKH,**
"Étude de la faisabilité d'un minirobot grimpeur dédié à l'inspection et au perçage de l'enveloppe d'un avion",
Master Génie Mécanique, École Centrale Nantes, co-encadrement avec Yannick Aoustin.

E-07-03 **WASSIM EL-HELOU,**
"Étude de la faisabilité d'un minirobot grimpeur dédié à l'inspection et au perçage de l'enveloppe d'un avion",
Master Génie Mécanique, École Centrale Nantes, co-encadrement avec Yannick Aoustin.

E-07-04 **NOVONA RAKOTOMANGA,**
"Conception Optimale d'un Mécanisme Parallèle plan à Structure Variable"
Master Génie Mécanique, École Centrale Nantes.

5.8. Encadrements de thèses

F-04-01 **FELIX MAJOU,**
"Analyse cinétostatique des machines parallèles à translations",
Thèse de doctorat de l'École Centrale de Nantes, de l'Université de

Publications et encadrements

Nantes et l'Université Laval de Québec, co-encadrement avec Ph. Wenger et C. Gosselin.

F-04-02 **MAHER BAILI**,
"Analyse et classification des robots 3R à axes orthogonaux",
Thèse de doctorat de l'École Centrale de Nantes et de l'Université de Nantes, co-encadrement avec Ph. Wenger.

F-06-01 **ANTOINNE RENNUIT**,
"Contrôle interactif d'humains virtuels coopérants pour des tâches de montage – démontage",
Thèse de doctorat de l'École Centrale de Nantes et de l'Université de Nantes, co-encadrement avec P. Chedmail et A. Micaelli au CEA.

F-07-05 **MAZEN ZEIN**,
"Conception de machines parallèles",
Thèse de doctorat de l'École Centrale de Nantes et de l'Université de Nantes, co-encadrement avec Ph. Wenger.

5.9. Rapports de contrat

G-01-1 **WENGER P. ET CHABLAT D.**,
" Étude de bras articulés d'architecture non standard : développement d'inverseurs et optimisation des solutions ",
Contrat ECN/Tecnomatix, Janvier, 2001

G-03-1 **WENGER P., CHABLAT D. ET BAILI M.**,
" Etude d'un robot de morphologie cuspidale ",
Contrat ECN/STAUBLI, Nantes, France, pp. 20, février, 2003.

G-06-1 **WENGER P. ET D. CHABLAT**,
" NEXT: Requirements and production scenarios validated by end-users ",
NEXT: Requirements and production scenarios validated by end-users, Deliverable 3.1.1, février, 2006.

G-07-1 **MA L., CHABLAT D., BENNIS F. ET ZHANG W.**,
" Literature Review and Project Schedule ",
Contrat ECN/EADS/Univ Tsinghua, Nantes, France, octobre 2007.

G-08-1 **AOUSTIN Y. ET D. CHABLAT**,
" Proposition de deux architectures de mini robot grimpeur dédié à l'inspection du fuselage avion ",
Contrat ECN/EADS, Nantes, France, janvier 2008.

Publications et encadrements

5.10. Rapports internes

H-96-1 **CHABLAT D. WENGER P.**,
" État de l'art des mécanismes à boucles fermées ",
Rapport Interne du Laboratoire d'Automatique de Nantes, n°96.8, 1996.

H-96-2 **CHABLAT D. WENGER P.**,
" Domaine d'unicité pour les robots parallèles ",
Rapport Interne du Laboratoire d'Automatique de Nantes, n°96.13, 1996.

H-97-1 **CHABLAT D. WENGER P.**,
" Domaine d'unicité pour les robots parallèles : Cas général ",
Rapport Interne du Laboratoire d'Automatique de Nantes, n°97.7, 1997

5.11. Brevets

I-03-1 **CHABLAT D. WENGER P.**,
"Dispositif de déplacement et d'orientation d'un objet dans l'espace et utilisation en usinage rapide", Déposant: Centre National de la Recherche Scientifique CNRS/ École Centrale de Nantes. Mandataire : Cabinet LAVOIX, Brevet français : FR2850599 (5 février 2003).

I-04-1 **CHABLAT D. WENGER P.**,
"Device for the Movement and Orientation of an Object in Space and Use Thereof in Rapid Machining", Déposant : Centre National de la Recherche Scientifique CNRS/École Centrale de Nantes, Brevet canadien : CA2515024 (26 août 2004).

I-05-1 **CHABLAT D. WENGER P.**,
"Dispositif de déplacement et d'orientation d'un objet dans l'espace et utilisation en usinage rapide", Déposant: Centre National de la Recherche Scientifique CNRS/École Centrale de Nantes. Mandataire : Cabinet LAVOIX, Brevet européen: EP1597017 (23 novembre 2005),

I-07-1 **CHABLAT D. WENGER P.**,
"Device for the Movement and Orientation of an Object in Space and Use Thereof in Rapid Machining", Déposant : Centre National de la Recherche Scientifique CNRS/École Centrale de Nantes. Mandataire : Cabinet LAVOIX, Brevet américain: US20070062321 (22 mars 2007).

6. SYNTHESE DES ACTIVITES DE RECHERCHE

6.1. Introduction

Lorsqu'en octobre 1995, j'ai choisi un sujet de thèse portant sur l'étude des mécanismes poly-articulés à boucles fermées, je ne m'imaginais pas la richesse et la diversité des études auxquels je serais amené. Depuis cette date, mes activités de recherche ont évolué grâce à des rencontres ou des opportunités. Mes collaborations ont été nombreuses et m'ont permis de découvrir d'autres façons d'appréhender la recherche ou d'autres manières de travailler. L'objet de ce chapitre est de présenter les deux thèmes de recherche que j'ai suivis :

Analyse de mécanismes ;

Conception et optimisation de mécanismes ;

Je travaille sur les deux premiers thèmes depuis le début de ma thèse car l'analyse et la conception sont deux domaines de recherche très liés. Cependant, mes recherches en optimisation ont réellement commencé après mon séjour à l'Université de McGill et dès mon intégration à l'IRCCyN. À partir d'octobre 1999, j'ai commencé à développer la conception des mécanismes parallèles et très rapidement est né le projet Orthoglide.

Mes activités de recherche s'articulent autours des mécanismes sériels et des mécanismes parallèles. Lorsque j'ai commencé ma thèse, l'expertise de mon équipe portait surtout sur les mécanismes sériels. À partir de cela, notre premier objectif a été d'étendre ces connaissances aux mécanismes parallèles. Dans la suite de ce mémoire, je n'ai pas suivi l'ordre chronologique dans lequel j'ai réalisé ces travaux mais un ordre lié à la nature des mécanismes étudiés.

Pour réaliser la conception et l'optimisation de mécanismes, nous devons connaître parfaitement leurs propriétés cinématiques, c'est ce que je nomme la phase d'analyse. Nous avons classifié les mécanismes sériels 3R orthogonaux en fonction de la topologie de leur espace de travail (chapitre 6.2.1) puis nous avons défini une condition nécessaire et suffisante pour que ces mécanismes soient binaires ou non quaternaires (chapitre 6.2.2). La notion d'isotropie est un élément important dans la conception d'un mécanisme car elle caractérise l'homogénéité des performances dans toutes les directions de l'espace. À l'isotropie, nous pouvons aussi définir la longueur caractéristique d'un mécanisme afin de rendre homogène la matrice jacobienne. Nous avons déterminé la longueur caractéristique pour des mécanismes sériels et parallèles (chapitre 6.2.3). Nous avons aussi proposé une méthode pour construire des mécanismes sériels redondants en utilisant les propriétés des ensembles de points isotropes. En outre (chapitre 6.2.4), nous avons étendu aux mécanismes parallèles, la notion d'aspect et de domaines d'unicité. C'est aussi dans ce contexte, que nous avons défini la notion de mode de fonctionnement pour identifier les solutions du modèle géométrique inverse. Cette notion est similaire à la notion de mode d'assemblage qui identifie les solutions du modèle géométrique direct. Nous avons ensuite proposé un algorithme pour calculer les points cusps des mécanismes 3-RPR (chapitre 6.2.5). Ce résultat nous a permis, de planifier des trajectoires non singulières de mode d'assemblage en contournant un ou plusieurs points cusp (chapitre 6.2.6).

La conception et l'optimisation de mécanismes est la deuxième partie de ce chapitre. Dans un premier temps, nous avons utilisé les résultats de la classification des mécanismes 3R orthogonaux (chapitre 6.3.2) et nous avons proposé deux architectures alternatives aux mécanismes anthropomorphes. Puis nous avons abordé la conception et l'optimisation des mécanismes parallèles plans en comparant des architectures classiques (axes motorisés parallèles ou alignés) avec des architectures isotropes (chapitre 6.3.3). Nous avons ensuite comparé des mécanismes parallèles pour réaliser des déplacements en translation (chapitre 6.3.4). L'un des mécanismes pris en compte dans cette étude est l'Orthoglide qui a été conçu en utilisant la notion d'isotropie. Nous avons proposé plusieurs indices permettant de comparé ces mécanismes. Pour varier le type d'application des mécanismes parallèles, nous avons conçu les vertèbres du robot anguille en utilisant la notion d'isotropie et minimisant l'encombrement de la mécanique (chapitre 6.3.5). L'étude de la machine Verne nous a permis d'étudier une cinématique originale, d'en étudier les modèles cinématiques et d'obtenir une nouvelle estimation du volume de l'espace de travail (chapitre 6.3.6). Un mécanisme de transmission de mouvement, nommé Slide-o-Cam, est étudié (chapitre 6.3.7). Ce mécanisme n'est ni un mécanisme sériel ni un mécanisme parallèle. Cependant, en étudiant ce mécanisme, nous avons abordé la conception mutli-objectifs qui nous sera utile pour l'Orthoglide 5 axes.

Nous présentons le projet Orthoglide, dans sa version 3 et 5 axes (chapitre 6.4). Avec ce mécanisme, nous avons utilisé les résultats provenant de l'analyse de mécanisme (isotropie, modes de fonctionnement, aspect). Nous avons développé une méthodologie pour déterminer les dimensions d'un mécanisme en fonction de critère cinétostatique (chapitre 6.4.2.5) et en prenant en compte la déformation des membrures (chapitre 6.4.2.6). De notre analyse des mécanismes parallèles, nous avons aussi développé la version 5 axes qui a été breveté en Europe, au Canada et aux États Unis d'Amérique.

Pour toutes les études que nous avons réalisées, nous recherchons la maîtrise des propriétés cinétostatiques des mécanismes pour les adapter au besoin des utilisateurs. Pour choisir une architecture de mécanisme, nous devons disposer d'outils d'analyse, d'une classification de leurs propriétés en fonction de leurs paramètres géométriques et de bons indices de performance pour pouvoir les comparer.

6.2. Analyse de mécanismes

L'analyse des mécanismes a pour objectif de fournir les outils ou méthodes d'évaluation nécessaires à la conception optimale. Je me suis intéressé à deux types de mécanisme :

- Les mécanismes poly-articulés sériels ou, plus simplement, les mécanismes sériels ;
- Les mécanismes poly-articulés à boucles fermées ou, plus simplement, les mécanismes parallèles.

Pour ces deux types de mécanismes, j'ai abordé plusieurs problématiques que je vais décrire dans les paragraphes suivants. Pour les mécanismes parallèles, je distinguerais deux classes :

- Les mécanismes parallèles possédant une seule solution au modèle géométrique inverse et plusieurs au modèle géométrique direct que nous appellerons mécanismes parallèles simples ;
- Les mécanismes parallèles possédant plusieurs solutions au modèle géométrique direct et inverse que nous appellerons mécanismes parallèles.

6.2.1. Classification des mécanismes sériels 3R orthogonaux

Dans toutes les recherches que j'ai conduites sur les robots sériels, nous avons considéré des mécanismes à 3 articulations rotoïdes, à axes orthogonaux ($\alpha_2 = -90°$, $\alpha_3 = 90°$) et sans décalage sur le dernier axe ($r_3 = 0$). Les classifications qui en découlent ont été réalisées en fonction des paramètres de DHm restants [Khalil 1986] qui sont : d_2, d_3, d_4 et r_2. Les trois variables articulaires considérées sont : θ_1, θ_2 et θ_3. La figure 1(a) représente l'architecture cinématique d'un mécanisme de la famille étudiée dans la configuration zéro. La figure 1(b) représente un tel mécanisme en modèle CAO (qui n'est pas dans la configuration zéro). L'effecteur est représenté par le point P qui est repéré par ses 3 coordonnées cartésiennes x, y et z dans le repère de référence (**o**, **x**, **y**, **z**) attaché à la base du mécanisme.

L'objet de nos études était principalement la classification des mécanismes sériels orthogonaux suivant la topologie de leur espace de travail. D'autres chercheurs ont en parallèle produit d'intéressants résultats sur les robots 3R [**Ottaviano 2004**], [**Gogu**

2005], [Miko 2005]. De notre côté, certains verrous théoriques n'auraient jamais pu être surmontés sans le projet CNRS MathStic.

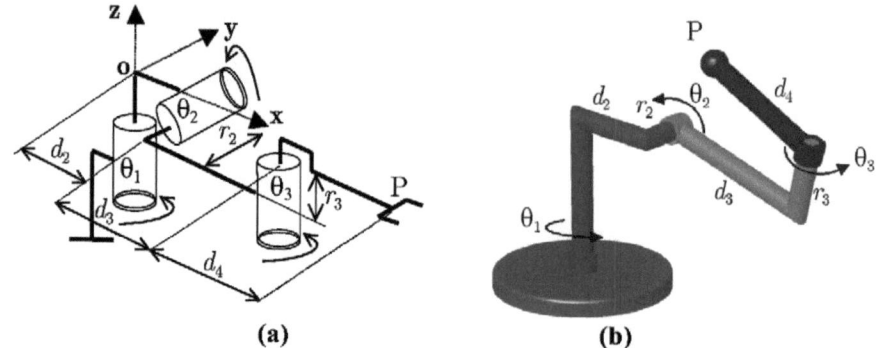

Figure 1 : Mécanisme 3R orthogonal

Une topologie d'espace de travail est définie à partir de points singuliers particuliers qui apparaissent sur les lieux de singularité. Ces points particuliers sont les cusps et les nœuds. Depuis la thèse de Jaoud El Omri [**El Omri 1996**], il a été montré que les mécanismes 3R orthogonaux peuvent être cuspidaux/non cuspidaux, génériques/non génériques et binaires/quaternaires. Ils peuvent avoir une cavité toroïdale ou pas dans leur espace de travail. Pour faciliter l'utilisation de ces mécanismes en conception, il est nécessaire de classifier les mécanismes 3R orthogonaux en fonction des paramètres de DHm. Dans les paragraphes suivants, nous allons présenter une classification ces mécanismes obtenue dans le cadre de la thèse de Maher Baili [**F-04-02**].

6.2.1.1. Étude d'une famille de mécanismes orthogonaux : cas $r_3 = 0$

Étude des points cusp

À partir des équations du modèle géométrique inverse, nous avons écrit les conditions d'existence de points cusp. En utilisant successivement les bases de Groebner et la Décomposition Cylindrique Algébrique (DCA), nous avons pu partitionner l'espace des paramètres de DHm en 105 cellules [**C-03-02, Corvez 2002**]. Dans chaque cellule, tous les mécanismes ont le même nombre de points cusp. On démontre que dans ces 105 cellules, seulement 5 types différents de mécanismes existent. Les surfaces séparant les domaines représentatifs des 5 types sont déterminées en analysant les singularités dans l'espace articulaire lors des différentes transitions. Ce travail a été obtenu dans le cadre du projet CNRS MathStic. Le principal problème rencontré dans cette étude était la résolution d'un système de dimension positive, c'est-à-dire un système avec plus d'inconnues que d'équations. Notre contribution par rapport à **[Corvez 2002]** a été d'apporter une explication géométrique des équations et de supprimer les surfaces non pertinentes pour l'étude. Il est à noter qu'une partie de ces surfaces supprimées réapparaîtra dans le cas $r_3 \neq 0$.

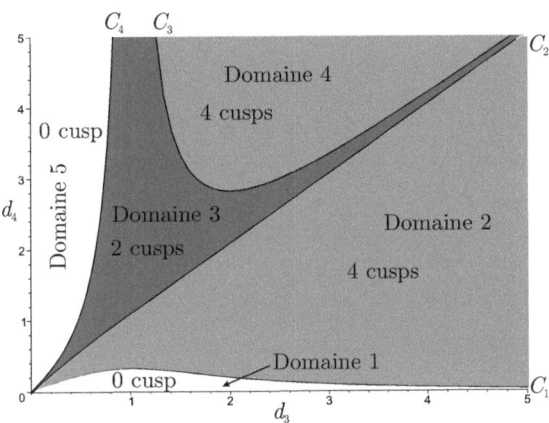

Figure 2 : Les 4 surfaces de séparation et les 5 domaines dans une section (d_3, d_4) de l'espace des paramètres pour $r_2 = 1$

Les équations séparant les différents domaines sont les suivantes pour $r_3 = 1$ et $d_2 = 1$:

$$\begin{cases} C_1 : d_4 = \sqrt{\frac{1}{2}\left(d_3^2 + r_2^2 + \frac{\left(d_3^2 + r_2^2\right)^2 - d_3^2 + r_2^2}{AB}\right)} \\ C_2 : d_4 = \frac{d_3}{1+d_3} A \\ C_3 : d_4 = \frac{d_3}{d_3 - 1} B \text{ et } d_3 \geq 1 \\ C_4 : d_4 = \frac{d_3}{1 - d_3} B \text{ et } d_3 \leq 1 \end{cases}$$

avec $A = \sqrt{(d_3 + 1)^2 + r_2^2}$ et $B = \sqrt{(d_3 - 1)^2 - r_2^2}$.

Cusps apparus ou disparus	État lors de la transition	Surfaces correspondantes
4 cusps (2 paires de cusps)	Racine quadruple en $z \neq 0$	C_1
2 cusps	2 cusps apparaissent forcément en $z = 0$	C_2, C_3 et C_4

Tableau 1 : Liens entre l'apparition ou la disparition des cusps et les surfaces de séparation

Étude des nœuds

L'observation des nœuds dans l'espace de travail permet de détecter la présence de trous dans l'espace de travail. Ainsi, chaque domaine contenant des mécanismes possédant un nombre de points cusp constant est subdivisé en plusieurs topologies d'espace de travail. Les équations des nouvelles surfaces de séparation sont déterminées en utilisant une méthode d'analyse géométrique des transitions. Nous avons montré qu'il existe exactement 9 topologies d'espace de travail différentes pour les mécanismes appartenant à la famille étudiée. Pour chaque topologie d'espace de travail, on détermine pour le mécanisme représentant, le nombre de points cusp, de nœuds et d'aspects, la présence ou non de trous ainsi que les régions à 2 ou 4 solutions au modèle géométrique inverse.

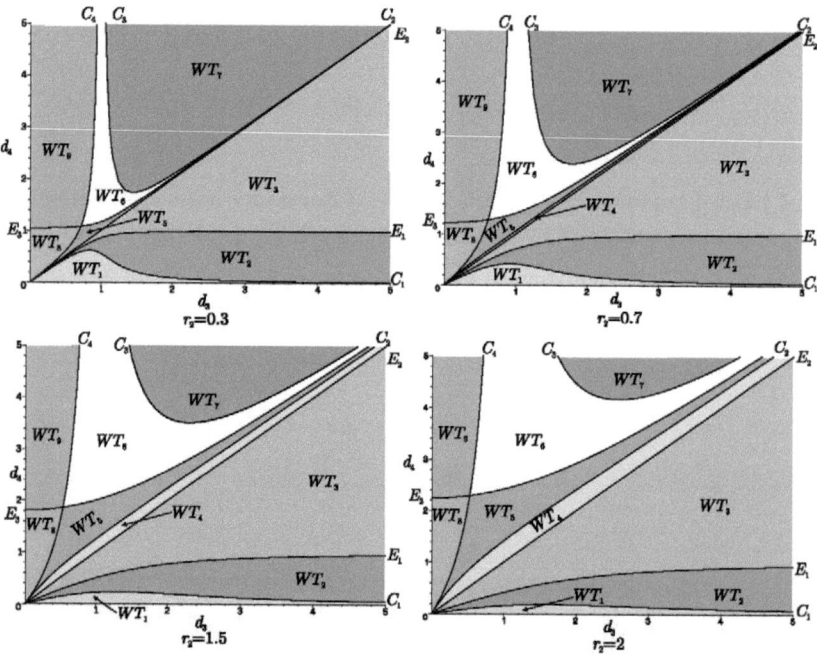

Figure 3 : Les surfaces de séparation pour différentes valeurs de r_2

Le résultat final est un arbre de classification représenté selon plusieurs niveaux (Figure 3). Le but de cette représentation est d'établir une classification complète et exhaustive de la famille de mécanismes orthogonaux étudiée.

Le premier niveau montre que les mécanismes de la famille étudiée peuvent avoir 2 aspects ou peuvent être quaternaires et sans cavité toroïdale. Le second niveau montre que (1) les mécanismes à 2 aspects sont ou bien binaires avec 0 cusp, 0 nœud et une cavité toroïdale (WT_1), ou bien quaternaires avec 4 cusps et (2) les mécanismes quaternaires peuvent avoir 4 cusps et 6 aspects, 2 cusps et 5 aspects ou alors 0 cusps et 4 aspects. Le troisième niveau donne les 9 topologies d'espace de travail possibles. Dans la Figure 4, pour chaque topologie d'espace de travail on donne le triplet (n_1, n_2, n_3) où $n_1 = 1$ s'il existe une cavité toroïdale, $n_1 = 0$ s'il y en a pas, n_2 est le nombre de régions à 2 solutions et n_3 le nombre de régions à 4 solutions au MGI.

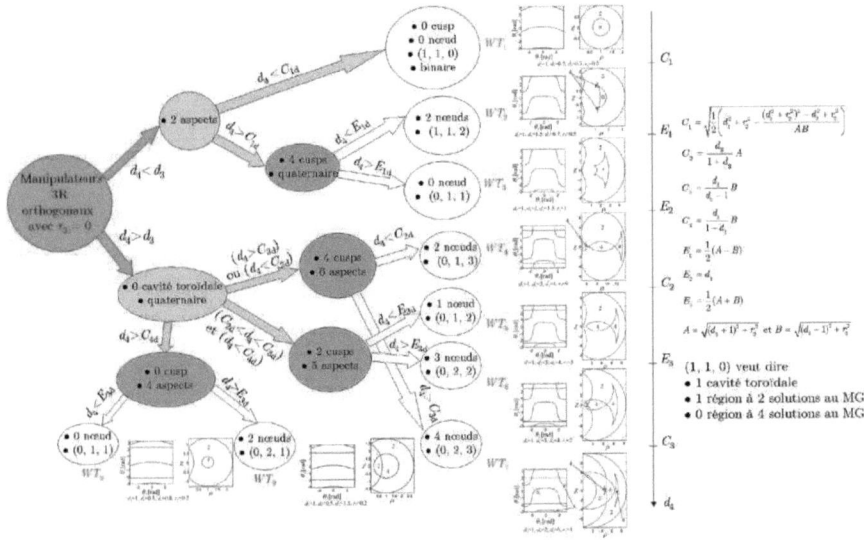

Figure 4 : Arbre de classification de la famille des mécanismes 3R orthogonaux tels que $r_3 = 0$ en 9 topologies d'espace de travail

Cette classification des mécanismes 3R en fonction de leurs paramètres de DHm a été utilisée pour rechercher les meilleurs mécanismes possédant la même topologie **[F-04-02]**.

6.2.1.2. Étude d'une famille de mécanismes orthogonaux : cas $r_3 \neq 0$

La classification des mécanismes 3R orthogonaux ne peut être complète que si $r_3 \neq 0$. Dans ce cas, la recherche et la représentation de la partition de l'espace des paramètres de DHm est plus complexe et a nécessité le développement de nouveaux outils informatiques pour nos collègues informaticiens dans le cadre du projet MathStic. La partition de l'espace des paramètres en domaines possédant un nombre constant de points cusp a été trouvé et les surfaces délimitants ces domaines sont les suivantes :

Synthèse des activités de recherche

$$\begin{cases} C_1 : d_4 = \sqrt{\frac{1}{2}\left(d_3^2 + r_2^2 - \frac{(d_3^2+r_2^2)^2 - d_3^2 + r_2^2}{AB}\right)} \\ C_{1bis} : d_4 = \sqrt{\frac{1}{2}\left(d_3^2 + r_2^2 + \frac{(d_3^2+r_2^2)^2 - d_3^2 + r_2^2}{AB}\right)} \quad \text{avec} \quad A = \sqrt{(d_3+1)^2 + r_2^2} \text{ et } B = \sqrt{(d_3-1)^2 + r_2^2} \\ Cône : d_4 = \sqrt{d_3^2 + r_2^2} \\ C_{234} : f(d_3, d_4, r_2, r_3) = 0 \end{cases}$$

où f est un polynôme de degré 12 et contient plus de 500 monômes. La figure 5 représente l'ensemble des topologies d'espace de travail que l'on peut rencontrer avec le nombre de points cusp dans chaque domaine.

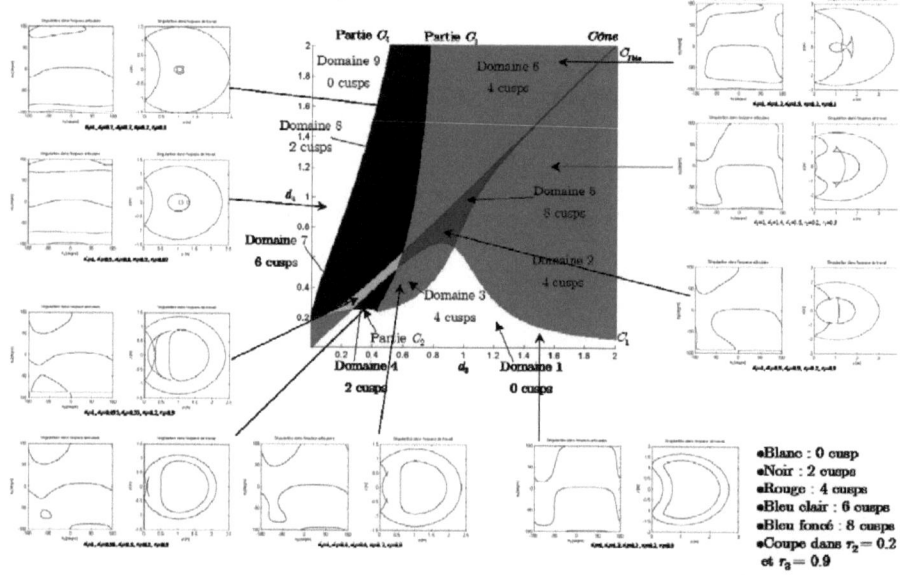

Figure 5 : Les 9 cas pointés dans une section $r_2 = 0,2$ et $r_3 = 0,9$

Concernant la classification en fonction du nombre de cusps et de nœuds, deux cas ont dû être distingué, $R_2 < R_3$ et $R_2 > R_3$ qui donne deux partitions de l'espace des paramètres (Figure 6 et 7).

Synthèse des activités de recherche

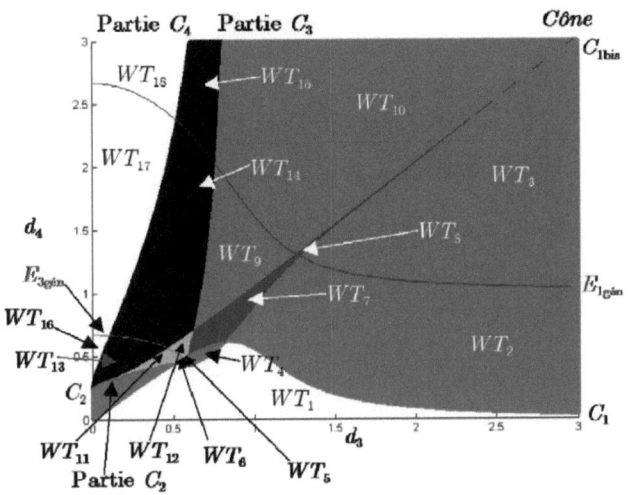

Figure 6 : Les 8 surfaces de séparation et les 18 domaines dans une section (d_3, d_4) pour $r_2 = 0,3$ et $r_3 = 0,8$

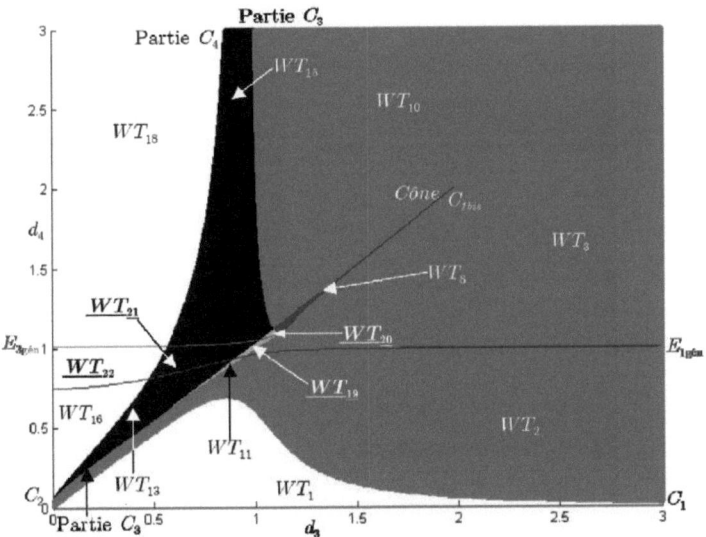

Figure 7 : Les 6 surfaces de séparation et les 14 domaines dans une section (d_3, d_4) pour $r_2 = 0,2$ et $r_3 = 0,15$ (les topologies d'espace de travail supplémentaires sont notées en Gras et Souligné)

6.2.1.3. Étude cinématique des familles de mécanismes 3R orthogonaux ayant des morphologies simplifiées

En partant du constat que la plupart des mécanismes des industriels possèdent des nombres paramètres de DHm nuls, nous avons étudié les cas particuliers des deux précédentes classifications. Lors de la fin de la thèse de Maher Baili [**F-04-02**] et du DEA de Mazen Zein [**E-04-01**], nous avons défini 10 nouvelles familles de mécanismes orthogonaux dont les simplifications sont données dans la figure 8. Bien que les mécanismes appartenant à ces familles ne soient pas cuspidaux, la topologie de leur espace de travail est un sujet d'étude très intéressant.

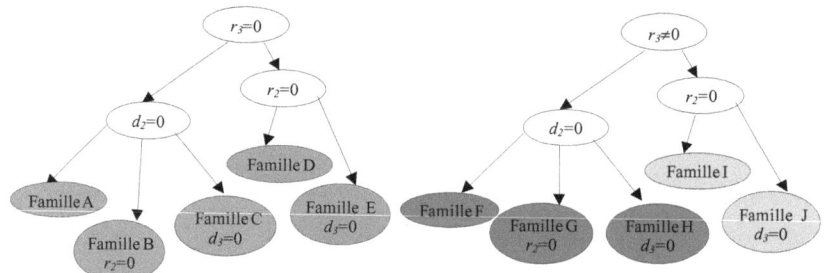

Figure 8 : Cas particulier de mécanismes 3R

Nous avons étudié ces 10 familles de mécanisme. Chaque famille a été classifié en fonction des paramètres de DHm [**A-06-4**]. Nous allons nous servir de cette classification dans le chapitre 6.3.2.

6.2.2. Condition d'existence de mécanismes 3R binaires ou quaternaires

Dans le contexte du projet MathStic sur les robots cuspidaux ainsi que la thèse de Maher Baili, nous avons établi une condition nécessaire et suffisante permettant d'identifier en fonction des paramètres de Denavit Hartenberg si un mécanisme 3R orthogonal est binaire ou quaternaire. Un mécanisme sériel est dit binaire s'il possède au plus deux solutions au modèle géométrique inverse et quaternaire s'il en possède quatre. En règle générale, le nombre de solution au modèle géométrique inverse varie selon la posture dans l'espace de travail [**Gupta 1982, Kholi 1985**].

À partir de la classification des mécanismes 3R orthogonaux [**Corvez 2002, C-03-02**], nous savons que tous les mécanismes tel que $d_3 \leq d_4$ sont quaternaires. Pour les autres mécanismes, ils sont soit binaires, soit quaternaires.

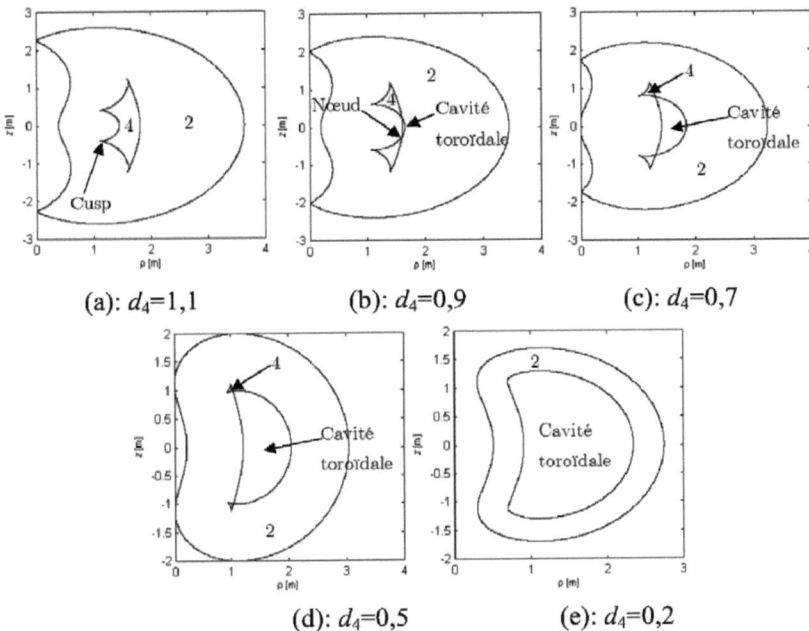

Figure 9 : Déformation continue de la frontière interne lorsque d_4 diminue (d_3=1,5, r_2=0,5. Entre1.1 et 0.5, le mécanisme est quaternaire (a-c). Entre 0.5 et 0.2, deux points cusp et un nœud se transforment en un point possédant quatre solutions identiques au modèle géométrique inverse puis disparaissent : le mécanisme devient alors binaire (d-e).

Dans [A-05-2], nous avons écrit les conditions permettant d'isoler les domaines de l'espace de paramètres dans lequel la topologie de l'espace de travail est constante. Sans rentrer dans les détails de ce calcul, on peut écrire la condition en fonction des paramètres de DHM et tracer la surface qui sépare les mécanismes binaires et quaternaires (Figure 10).

$$d_4 > \sqrt{\frac{1}{2}\left(d_3^2 + r_2^2 - \frac{\left(d_3^2 + r_2^2\right)^2 - d_2^2\left(d_3^2 - r_2^2\right)}{\sqrt{(d_3+d_2)^2 + r_2^2}\sqrt{(d_3-d_2)^2 + r_2^2}}\right)}$$

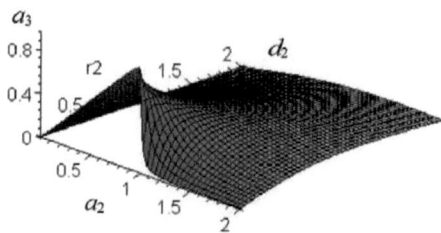

Figure 10 : Surface de séparation entre les mécanismes 3R binaires et quaternaires

Cette condition nécessaire et suffisante est importante car, si l'on souhaite ne pas avoir de robots cuspidaux, il suffit de prendre un robot binaire.

6.2.3. L'isotropie et la longueur caractéristique

Plusieurs indices de performance existent pour caractériser les propriétés cinématiques des robots sériels. Parmi ces indices, je peux citer les concepts d'angle de service [**Vinogradov 1971**], d'espace de travail dextre [**Kumar 1981**] et de manipulabilité [**Yoshikawa 1985**]. Tous ces indices permettent la définition d'indice de performance pour les mécanismes avec des points de vue différents. Cependant, à l'exception de l'indice de manipulabilité [**Yoshikawa 1985**], aucun de ces indices ne considère l'inversion de la matrice jacobienne. Un index de performance sans dimensions a été présenté par Lee [**Lee 1998**] comme le rapport du déterminant de la matrice jacobienne sur la valeur absolue de sa valeur maximum. Cet indice peut aussi s'appliquer aux robots parallèles. Malheureusement, Angeles [**Angeles 2007**] a démontré que cet index ne tient pas compte du placement de l'effecteur sur l'organe terminal.

Le conditionnement d'une matrice donnée est bien connu pour fournir une mesure de l'inversion d'une matrice [**Golub 1989**]. Il était donc normal que ce concept soit utilisé en robotique. En effet, Salisbury [**Salisbury 1982**] a proposé le conditionnement de la matrice jacobienne comme indice de performance à minimiser lorsque l'on souhaite avoir un mécanisme précis. En fait, le conditionnement donne, pour une matrice carrée, une mesure de l'amplification d'erreur [**Golub 1989**]. Cependant, la non homogénéité dimensionnelle des entrées de la matrice jacobienne empêche l'utilisation directe du conditionnement comme mesure de l'inversion des matrices jacobiennes. La notion de longueur caractéristique a ainsi été proposée par Angeles [**Angeles 1992**] pour résoudre ces problèmes d'homogénéité. La longueur caractéristique est alors définie comme étant la longueur qui permet d'homogénéiser la matrice jacobienne lorsque le robot est en posture isotrope et ainsi obtenir un conditionnement égal à 1.

C'est dans ce contexte que j'ai commencé mes travaux sur la longueur caractéristique lors de mon séjour post-doctoral à l'université McGill. Deux problèmes étaient alors ouverts. Le premier était de donner un sens physique à la longueur et le second portait sur sa méthode de calcul.

6.2.3.1. Ensemble de points isotropes

Une matrice est dite isotrope si le produit de celle-ci par sa transposée est un multiple de la matrice identité. Les valeurs propres de la matrice produite sont alors toutes identiques et non nulles. Afin d'obtenir une telle propriété pour les mécanismes sériels, j'ai défini la notion d'ensemble de points isotropes dans le plan et pour une sphère unitaire afin de pouvoir concevoir des mécanismes sériels plans et sphériques possédant des propriétés d'isotropie [**A-02-1, A-03-2, C-00-04, C-01-02**].

Dans le plan, il est possible de choisir 3 ou 4 points permettant d'obtenir un ensemble de points isotropes (Figure 11) et dans l'espace on peut choisir les sommets des solides de Platon (Figure 12).

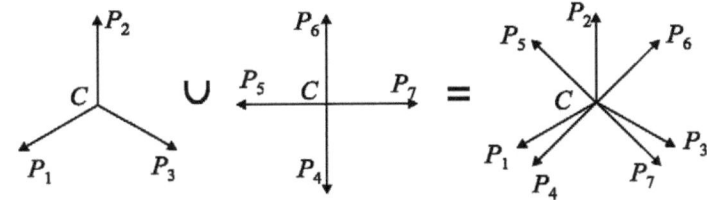

Figure 11 : Ensemble de 3 et 4 points isotropes et leur union

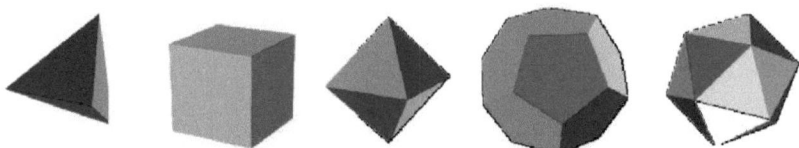

Figure 12 : Liste des solides de Platon

Dans le cas spatial, nous avons pu démontrer qu'il existait 8 mécanismes sphériques 4R pouvant posséder une posture isotrope [**A-03-2, C-01-02**] (Figure 13). Ces résultats m'ont aussi permis d'aborder la conception optimale de mécanismes parallèles plans à deux degrés de liberté [**C-01-01**] et de l'Orthoglide [**C-00-02, C-01-03**, …].

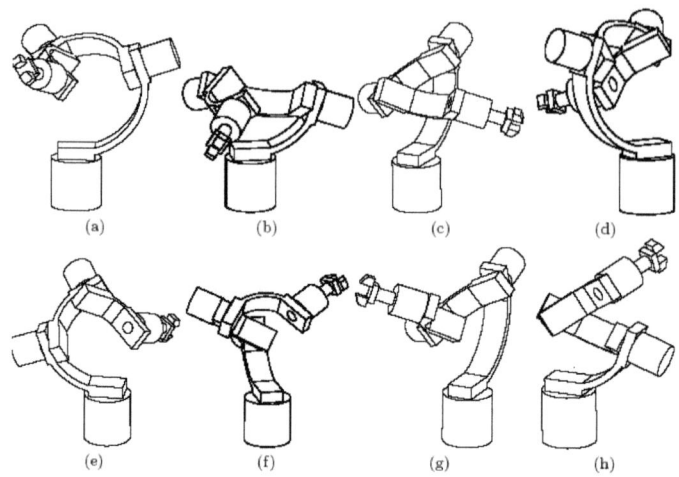

Figure 13 : Les 8 mécanismes sphériques sériels en posture isotrope [A-03-2, C-01-02]

6.2.3.2. Longueur caractéristique

La recherche des postures isotropes a aussi pour objectif de calculer la valeur de la longueur caractéristique permettant d'homogénéiser les matrices jacobienne. Dans un premier temps, j'ai exploré une nouvelle direction sur la longueur caractéristique afin de calculer pour chaque posture la longueur la plus appropriée pour les mécanismes plans redondants.

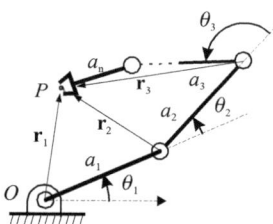

Figure 14 : Mécanisme plan sériel redondant

Dans [A-02-1], j'ai introduit la notion de longueur caractéristique optimisée, nommée l_p, ou « conditioning length » qui a pour intérêt d'être calculé à tout instant comme étant la distance permettant de minimiser la trace entre la matrice isotrope et la matrice normalisée $\bar{\mathbf{J}}$.

$$z \equiv \frac{1}{2}\frac{1}{n}\mathrm{tr}\left[(\bar{\mathbf{J}}-\mathbf{K})(\bar{\mathbf{J}}-\mathbf{K})^T\right] \to \min_{\lambda}$$

avec

$$\overline{\mathbf{J}} = \begin{bmatrix} 1 & 1 & \cdots & 1 \\ (1/l_p)\mathbf{Er}_1 & (1/l_p)\mathbf{Er}_2 & \cdots & (1/l_p)\mathbf{Er}_n \end{bmatrix} \text{ et } \lambda = (1/l_p)$$

(a) $\theta_3 = 5\pi/6$, $\theta_2 = 2\pi/3$

(b)

Figure 15 : Mécanismes 3R avec (a) $a_1 = a_1$ l **et** $a_3 = \sqrt{3}l/3$ **et (b)** $a_1 = a_1$ $a_2 = l$

Pour le mécanisme représenté dans la figure 15a en posture isotrope, la longueur « optimisée » l_p est égal à $\sqrt{6}l/6$. Dans la figure 15b, la longueur caractéristique optimisée l_p est égale à $0.563l$. Dans cette posture, la posture est la plus proche de la posture isotrope. Je pense que la recherche d'une longueur caractéristique optimisée a été poussée au maximum dans ces recherches. Cependant, même si l'on a proposé une interprétation géométrique de ce résultat, ce résultat n'a jamais été réutilisé à ma connaissance par d'autres chercheurs. Je pense que cette méthode est trop coûteuse en temps de calcul, pour un gain faible par rapport à la longueur caractéristique.

Dans **[B-03-1]** et dans **[C-04-10]**, nous avons étendu la notion de longueur caractéristique au cas des mécanismes parallèles plans. Pour le mécanisme 3-PRR, nous avons démontré que la longueur caractéristique était fonction de l'orientation de la plate-forme et qu'il existait une orientation de la plate-forme qui pouvait être associée à une posture singulière.

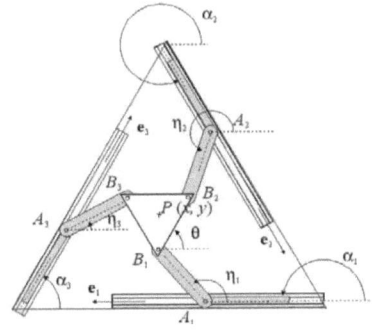

Figure 16 : Mécanisme plan 3-PRR

Nous écrivons la longueur caractéristique L :

$$L = \sqrt{k_1 k_2 / (\mathbf{l}_1^T \mathbf{l}_2)}$$

avec $k_i = (\mathbf{b}_i \quad \mathbf{a}_i)^T \mathbf{E} (\mathbf{p} \quad \mathbf{b}_i)$ et un ensemble de condition permettant d'atteindre l'isotropie.

En utilisant la longueur caractéristique, nous avons pu cartographier l'évolution du conditionnement des matrices jacobiennes A et B (Figure 17) pour tous les modes de fonctionnement et de trouver le ratio r/R le plus favorable pour ce mécanisme. Plus récemment, nous avons comparé l'évolution du conditionnement pour une famille de mécanismes plans avec l'évolution de l'angle de pression [E-07-04].

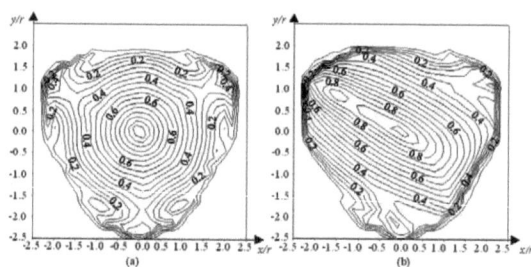

Figure 17 : Isoconditionnement des matrices (a) $\overline{A}_1$ **and (b)** $\overline{A}_2$ **avec** $R/r=2$ **et** $l/r=2$

Le problème de la non-homogénéité de la matrice jacobienne existe pour de nombreux mécanismes parallèles. Si pour les mécanismes plans, il est facile de caractériser la longueur caractéristique en recherchant une posture isotrope, ce n'est pas le cas des mécanismes spatiaux.

6.2.4. Les aspects et les domaines d'unicité des mécanismes parallèles

L'étude des configurations singulières de tout mécanisme est liée à celle de leur espace de travail et de leur ensemble articulaire. Dans ce domaine, mes travaux ont pour origine ceux de Borrel [**Borrel 1986**] et d'Innocenti [**Innocenti 1992**]. Le premier a introduit la notion d'aspect, c'est-à-dire les plus grands domaines sans singularité de l'espace de travail des mécanismes sériels et le second a mis en défaut les travaux de Borrel en définissant, pour les mécanismes sériels (resp. mécanismes parallèles simples), des trajectoires non-singulières entre deux solutions du modèle géométrique inverse (resp. du modèle géométrique direct). Puis, Wenger [**El Omri 1996**] a formalisé ce comportement pour les robots sériels en les nommant « mécanismes cuspidaux ».

À la suite de ces travaux, plusieurs problèmes restaient à résoudre, tels que la définition de domaines d'unicité pour les mécanismes parallèles, l'interprétation des changements de modes d'assemblage ou la classification des robots cuspidaux en fonction de leurs paramètres géométriques.

6.2.4.1. Les modes de fonctionnement

Pour résoudre le problème de la multiplication des solutions du modèle géométrique inverse, j'ai introduit la notion de mode de fonctionnement pour les robots pleinement parallèles. Comme ces robots possèdent des jambes indépendantes, nous pouvons en déduire la forme de la matrice jacobienne sérielle **B**, pour un mécanisme à n degrés de liberté où chaque terme diagonal est associé à une jambe du mécanisme. Son annulation provoque l'apparition d'une singularité sérielle.

<u>Définition 1</u> : Un mode de fonctionnement, noté Mf_i est l'ensemble des configurations du mécanisme (**X**, **q**) pour lesquelles B_{jj} (j = 1 à n) ne change pas de signe et det(**B**) ne s'annule pas [**C-98-01**]. Soit :

$$Mf_i = \{(\mathbf{X},\mathbf{q}) \; W \in Q \setminus \text{signe}(B_{jj}) \; \text{constante pour } j = 1 \text{ à } n \text{ et } \det(\mathbf{B}) \neq 0\}$$

L'ensemble des modes de fonctionnement $Mf = \{Mf_i\}$, i ∈ I est donc obtenu en utilisant toutes les permutations de signe de chaque terme B_{jj}. S'il existe des contraintes sur les articulations (limites articulaires ou collisions internes), les modes de fonctionnement ne sont pas toujours tous accessibles.

Grâce à cette définition, pour un mode de fonctionnement Mf_i, le mécanisme n'admet qu'une seule solution au modèle géométrique inverse. On peut donc définir une application permettant d'associer une coordonnée opérationnelle **X** à une coordonnée articulaire **q**.

$$g_i(\mathbf{X}) = \mathbf{q}$$

La notation suivante permet de définir l'ensemble des images dans W d'une posture donnée de Q, où l'indice i représente l'indice associé au mode de fonctionnement Mf_i :

$$g_i^{-1}(\mathbf{q}) = \{\mathbf{X} \setminus (\mathbf{X},\mathbf{q}) \; Mf_i\}$$

Cette définition a été utilisée pour définir la notion d'aspect généralisé et pour réaliser des trajectoires de changement de mode d'assemblage pour des robots plans de type 3-RRR. La figure suivante représente les huit modes d'assemblage du robot plan 3-PRR.

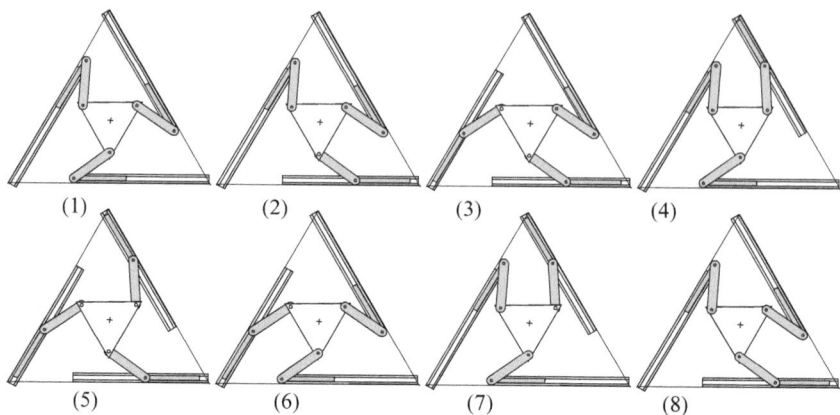

Figure 18 : Les 8 modes de fonctionnement du robot plan 3-PRR [C-02-07]

À partir de la définition des modes de fonctionnement, nous avons pu aussi étudier les modes d'assemblage et de fonctionnement de l'œil agile en collaborant avec Ilian Bonev [C-06-01] et du PamInsa en collaboration avec Vigen Arakelyan [A-08-2].

6.2.4.2. Les aspects

La notion d'aspect a été introduite par Borrel pour les mécanismes sériels [Borrel 1986]. À l'intérieur de ces domaines, il est possible de réaliser des trajectoires continues sans rencontrer de configurations singulières. La résolution de ce problème permet de faciliter considérablement la planification des trajectoires. Durant ma thèse, j'ai introduit la notion d'aspect pour les mécanismes parallèles simples et les mécanismes parallèles.

<u>Définition 2</u> : « Les aspects » [C-97-01], on appelle aspects WA_i d'un mécanisme parallèle simple, les plus grands domaines de W tels que :

- $WA_i \in W$;
- WA_i est connexe ;
- $\forall X \in WA_i$, $Det(\mathbf{A}) \neq 0$.

En d'autres termes, les aspects sont les plus grands domaines de l'espace de travail exempt de toute singularité. L'ensemble des aspects WA_i peut être obtenu en soustrayant de l'espace de travail les configurations singulières S et en effectuant une analyse de connexité.

$\{WA_i\} = CC\{W \setminus S\}$ où CC = composantes connexes et où $\setminus$ désigne la différence entre ensembles.

Nous présenterons pour le mécanisme 3-RPR, une méthode utilisant les modèles octrees, pour construire les aspects des mécanismes parallèles [**Meagher 1981**]. La modélisation d'un volume est réalisée par un ensemble de cubes de tailles différentes. Les plus petits cubes étant proches de la frontière de l'objet, leur taille définit la précision de l'octree. Cette modélisation est particulièrement adaptée pour la représentation de volumes complexes et pour réaliser des opérations booléennes ou topologiques. Leur structure possédant un graphe, il est possible de réaliser des études de connexité. Les octrees ont été utilisés avec succès dans plusieurs applications en robotique [**Faverjon 1984**], [**Garcia 1986**], [**El Omri 1996**]. Ce travail a permis d'apporter une première réponse aux trajectoires de changement de mode d'assemblage non singulier réalisé par [**Innocenti 1992**].

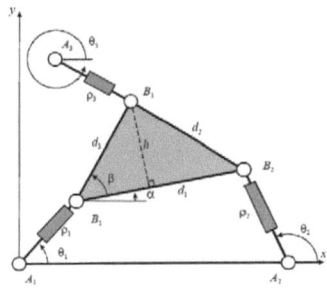

Figure 19 : Robot parallèle plan 3RPR   **Figure 20 : Modélisation octree des aspects d'un mécanisme 3-RPR**

Définition 3 : « Les aspects généralisés », on appelle aspects généralisés A_{ij} d'un mécanisme pleinement parallèle, les plus grands domaines de $W \times Q$ tels que :

- $A_{ij} \subset W \times Q$;
- A_{ij} est connexe ;
- $A_{ij} = \{(\mathbf{X},\mathbf{q}) \in W \times Q \ / \det(\mathbf{A}) \neq 0 \text{ et } \det(\mathbf{B}) \neq 0\} = \{(\mathbf{X},\mathbf{q}) \in M_{f_i} \text{tel que } \det(\mathbf{A}) \neq 0\}$

En d'autres termes, les aspects généralisés sont les plus grands domaines définis sur le produit cartésien de l'ensemble articulaire et de l'espace de travail exempts de tout type de singularité. Cependant, les aspects généralisés ne peuvent pas être représentés graphiquement à cause de leurs dimensions. Pour utiliser les aspects généralisés, nous allons les projeter sur l'espace de travail pour former les W - aspects.

Définition 4 : « Les W – aspects » : la projection π_W des aspects généralisés sur l'espace de travail donne les domaines WA_{ij} tels que :

- $WA_{ij} \subset W$;
- WA_{ij} est connexe.

Les domaines WA_{ij} sont appelés les W – aspects. Ils sont les plus grands domaines connexes de l'espace de travail, exempts de singularités sérielle et parallèle, pour un mode de fonctionnement donné Mf_i.

De même, nous allons projeter les aspects généralisés sur l'ensemble articulaire pour former les Q - aspects.

<u>Définition 5 :</u> « Les Q – aspects » : la projection π_Q des aspects généralisés sur l'ensemble articulaire donne les domaines QA_{ij} tels que :

- $QA_{ij} \subset Q$;
- QA_{ij} est connexe.

Ces domaines sont appelés les Q – aspects. Ils sont les plus grands domaines connexes de l'ensemble articulaire, exempts de singularités sérielle et parallèle, pour un mode de fonctionnement donné Mf_i.

Dans le cadre de ma thèse, j'ai appliqué cette définition au mécanisme <u>R</u>R-<u>R</u>RR pour les 8 modes de fonctionnement. Ceci m'a permis d'identifier 10 aspects qui sont représentés dans les figures 21, 22, 23, 24, 25, 26, 27, 28 **[A-01-1]**.

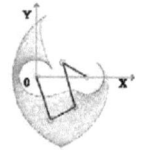 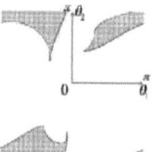

Espace de travail   **Ensemble articulaire**

Figure 21 : Aspect 1 du mécanisme <u>R</u>R-<u>R</u>RR

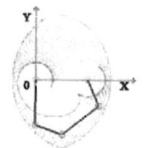 

Espace de travail   **Ensemble articulaire**

Figure 22 : Aspect 2 du mécanisme <u>R</u>R-<u>R</u>RR

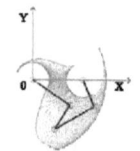 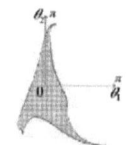

Espace de travail   **Ensemble articulaire**

Figure 23 : Aspect 3 du mécanisme <u>R</u>R-<u>R</u>RR

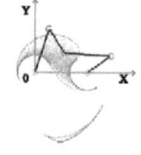 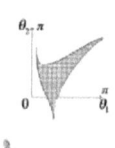

Espace de travail   **Ensemble articulaire**

Figure 24 : Aspects 4 et 5 du mécanisme <u>R</u>R-<u>R</u>RR

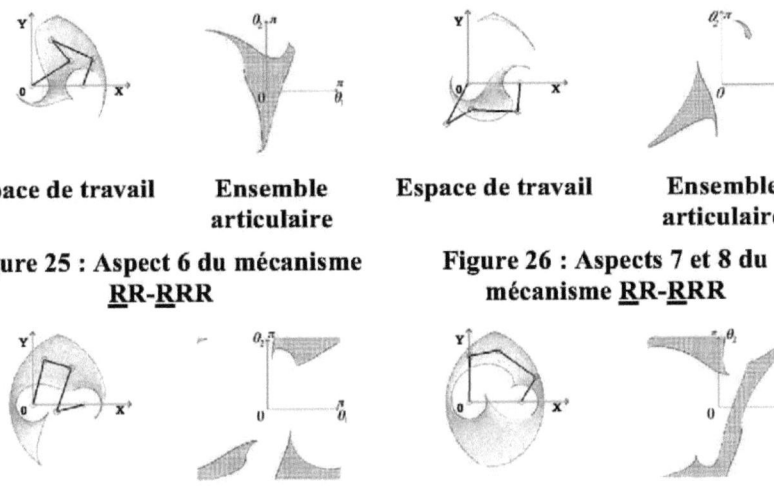

Espace de travail   **Ensemble articulaire**   **Espace de travail**   **Ensemble articulaire**

Figure 25 : Aspect 6 du mécanisme RR-RRR

Figure 26 : Aspects 7 et 8 du mécanisme RR-RRR

Espace de travail   **Ensemble articulaire**   **Espace de travail**   **Ensemble articulaire**

Figure 27 : Aspect 9 du mécanisme RR-RRR

Figure 28 : Aspect 10 du mécanisme RR-RRR

Une application au robot Delta a aussi été réalisée dans ma thèse. Ceci m'a aussi permis de montrer pour le robot plan 3-RRR que même lorsque les articulations motorisées et passives sur la base et la plate-forme sont placé sur des triangles équilatéraux, nous avons aussi des mécanismes cuspidaux [C-04-10].

6.2.4.3. Les domaines d'unicité

Pour les mécanismes sériels, les aspects et les aspects libres permettent de définir des domaines de l'ensemble articulaire exempts de singularité. Longtemps, on a cru qu'il n'existait qu'une seule solution au modèle géométrique inverse dans chaque aspect. En d'autres termes, on pensait que les singularités séparaient les solutions du modèle géométrique inverse. Les travaux de **[Parenti 1988]** puis de **[Burdick 1991]** ont permis de mettre en évidence ce problème. Wenger a alors introduit la notion de surfaces caractéristiques pour définir les domaines d'unicité de ces mécanismes et ainsi expliquer comment et pourquoi il est possible de changer de solution du modèle géométrique inverse sans rencontrer de configuration singulière **[Wenger 1992]**. Ces mécanismes ont été appelés mécanismes cuspidaux à cause de l'existence de points « cusps » dans l'espace de travail **[El Omri 1996]**.

Dans un premier temps, j'ai transposé la définition des domaines d'unicité pour les mécanismes parallèles simples, c'est-à-dire, possédant une seule solution au modèle géométrique inverse puis plusieurs solutions. Pour obtenir les domaines d'unicité, on doit construire les surfaces caractéristiques (Figure 29) [C-97-02] qui ont été introduites pour les robots sériels [El Omri 1996]. Nous utilisons le même principe mais en inversant le modèle géométrique inverse et direct.

Définition 6 : Soit WA$_i$ un aspect de l'espace de travail W. On définit les *surfaces caractéristiques* de l'aspect WA$_i$, notées S$_c$(WA$_i$), comme l'image réciproque dans WA$_i$ de l'image $g(\overline{WA}_i)$ des frontières $\overline{WA}_i$ qui délimitent WA$_i$:

$$S_c = g^{-1}\left(g(\overline{WA}_i)\right) \cap WA_i$$

où :

- g est l'opérateur géométrique inverse définie par $g(X) = q$,
- $\overline{WA}_i$ est la frontière de l'aspect WA$_i$.

Pour chaque aspect, on considère les frontières qui correspondent aux configurations singulières et aux butées articulaires. Pour ce faire, nous avons développé un algorithme permettant d'extraire la frontière d'un modèle octree. Celle-ci est constituée de cubes dont les dimensions correspondent à la précision maximale obtenue lors du calcul de l'octree. En calculant sur cette frontière le modèle géométrique inverse, on obtient une configuration articulaire **q**. Puis, à partir de cette configuration articulaire **q**, on résout le modèle géométrique direct. On obtient naturellement la configuration de la plate-forme mobile initiale (configuration singulière) mais aussi un ensemble d'autres configurations régulières. Pour former une surface caractéristique, nous réunissons l'ensemble de ces configurations appartenant à l'aspect initial.

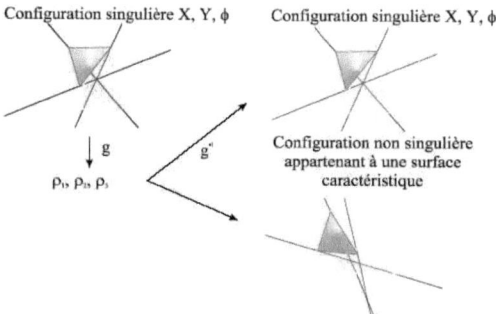

Figure 29 : Construction des surfaces caractéristiques

Le but des *surfaces caractéristiques* est de subdiviser les aspects pour séparer les solutions du modèle géométrique direct. Les domaines ainsi obtenus seront appelés *régions de base* dans l'espace de travail et leur image dans l'ensemble articulaire, les *composantes de base*. Ainsi, l'espace de travail est découpé par les singularités parallèles en aspects, et eux-mêmes sont subdivisés en *régions de base* à l'aide des surfaces caractéristiques

Définition 7 : « Les régions de base » : on définit les *régions de base*, notées $\{WA\ b_i", i \in I\}$ comme les composantes connexes de WA $- S_c(WA)$ pour un aspect WA. Les régions de base réalisent une partition de l'espace de travail W :

$$WA = \left(\cup_{i \in I} WA\ b_i \cup S_c(WA)\right)$$

L'espace de travail est donc découpé par les singularités parallèles en aspects, et eux-mêmes subdivisés en régions de base à l'aide des surfaces caractéristiques (Figure 30).

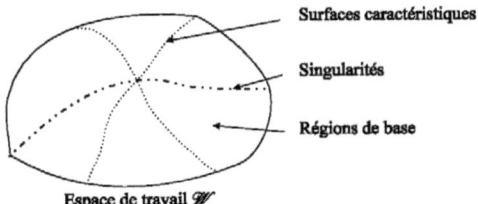

Figure 30 : Décomposition de l'espace de travail en régions de base

Définition 8 : « Les composantes de base » : les *composantes de base* $QA\ b_i$ sont les images par le modèle géométrique inverse des régions de base, telles que $QA\ b_i = g(WA\ b_i)$. Soit WA un aspect et QA son image par l'opérateur g, on a :

$$QA = \left(\cup_{i \in I} QA\ b_i \cup g(S_c(WA))\right)$$

On obtient une partition de l'espace articulaire en fonction du nombre de solutions au modèle géométrique direct (Figure 31) ainsi que les régions associées dans l'espace de travail (Figure 32).

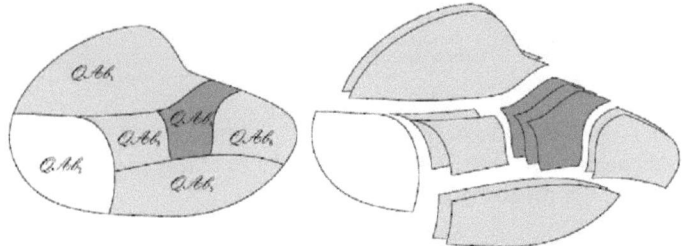

Figure 31 : Décomposition de l'ensemble articulaire en composantes de base pour un mécanisme parallèle simple

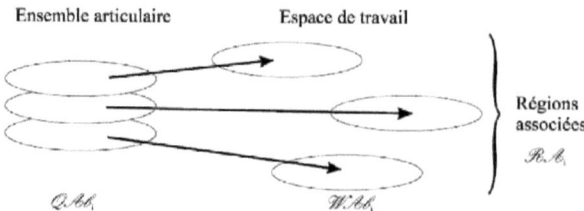

Figure 32 : Régions associées pour un mécanisme parallèle simple

L'objectif des composantes de base et des régions associées est la définition des plus grands domaines d'unicité de l'opérateur géométrique. Nous avons proposé un théorème pour la définition des domaines d'unicité.

<u>Théorème 1</u> : Les domaines d'unicité Wu_κ sont les domaines obtenus comme la réunion de l'ensemble $(\cup_{i\in I}, WA\ b_i)$, des régions de base adjacentes d'un même aspect dont les images respectives par g sont disjointes, et du sous-ensemble $S_c(I')$ des surfaces caractéristiques qui séparent ces composantes de base :

$$Wu_\kappa = \left(\cup_{i\in I} WA\ b_i\right) \cup S_c(I') \quad (1)$$

avec $I' \subset I$ tel que $\forall i_1, i_2 \in I'$, $g(WA\ b_{i_1}) \cap g(WA\ b_{i_2}) = \varnothing$

Pour illustrer ces propriétés, nous avons tracé les singularités et surfaces caractéristiques du robot 3R<u>P</u>R (Figure 33) et les régions de base (Figure 34)

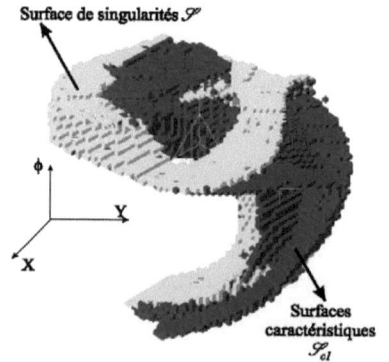

Figure 33 : Modélisation octree des singularités parallèles et de la surface caractéristique S_{c1} d'un mécanisme 3-R<u>P</u>R

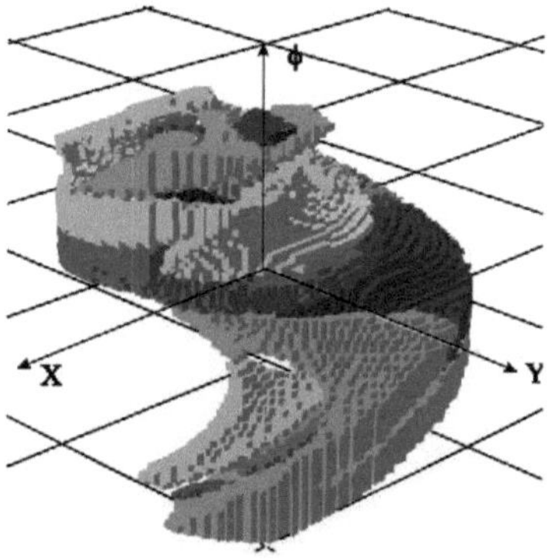

Figure 34 : Modélisation octree des régions de base

Nous trouvons 6 domaines d'unicité (Figure 35), c'est-à-dire autant que le nombre de solutions au modèle géométrique direct. Ceci résulte du fait que nous avons seulement 2 aspects et qu'il existe au moins une configuration articulaire **q** pour laquelle il existe 6 solutions au modèle géométrique direct. Ces 6 solutions sont réparties dans les deux aspects WA_1 et WA_2, 3 solutions dans l'un et 3 solutions dans l'autre.

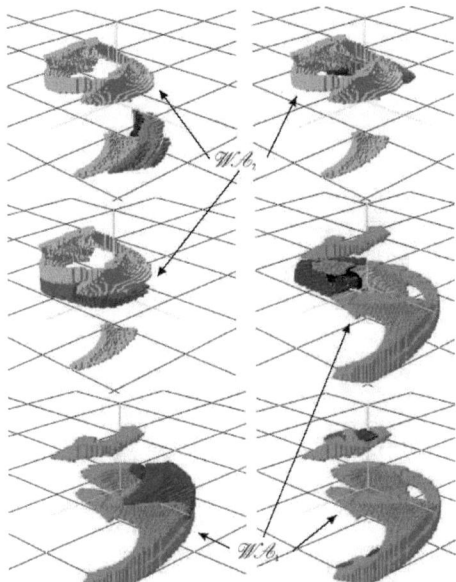

Figure 35 : Modélisation octree des 6 domaines d'unicité

Les définitions des régions de base, composante et domaines d'unicité ont été transposés dans le cas où il existe plusieurs mode de fonctionnement **[A-01-1]**.

<u>Définition 9 :</u> « Les surfaces caractéristiques » : soit $\overline{WA}_{ij}$ un W-aspect de travail W. On définit les surfaces caractéristiques du W-aspect $\overline{WA}_{ij}$, notées $S_C(WA_{ij})$, comme l'image réciproque dans $\overline{WA}_{ij}$ de l'image des frontières $\overline{WA}_{ij}$ qui délimitent WA_{ij}.

$$S_C(WA_{ij}) = g_i^{-1}\left(g_i\left(\overline{WA}_{ij}\right)\right) \cap WA_{ij}$$

où g_i et g_i^{-1} sont définies respectivement le modèle géométrique inverse et direct avec l'utilisation de la notation introduite pour les modes de fonctionnement.

L'ensemble de ces résultats, bien que publiés dans **[A-01-1]** et **[C-99-02]**, n'a pratiquement pas été repris par d'autres chercheurs. Je pense que la formulation des domaines d'unicité est simple mais son implémentation pose de nombreux problèmes. L'utilisation des octrees est limitée à des mécanismes à trois degrés de liberté et aucune garantie ne peut être donnée à l'intérieur d'un cube élémentaire. C'est pour

Synthèse des activités de recherche

cela que nous collaborons avec le LINA dans le cadre d'un projet AtlanStic pour mixer les modélisations par intervalles avec les octrees et que nous avons développé d'autres méthodes pour calculer les plus grands domaines sans singularité en utilisant un paramétrage différent (Cf chapitre 6.2.6).

6.2.5. Les points cusp pour les mécanismes 3-RPR

Lors de mes premiers travaux sur les mécanismes parallèles simples, j'avais recherché la présence de points cusp au modèle géométrique direct pour extraire une condition nécessaire et suffisante pour réaliser des trajectoires de changement de mode d'assemblage pour les robots parallèles. Malheureusement, l'écriture des conditions d'existence de tels points en passant par les dérivées successives du polynôme n'avait pas abouti lors de ma thèse. Pourtant, je savais, grâce à [**Innocenti 1992**], qu'il était possible pour un mécanisme 3-RPR d'effectuer une trajectoire non singulière de changement de mode d'assemblage [**C-97-01, A-01-1**]. Ces trajectoires seront discutées dans le paragraphe suivant.

Le point de départ de la thèse de Mazen Zein fut la publication de [**McAree 1999**] qui a pour la première fois mis en évidence la présence de points cusp pour les robots parallèles. L'approche intéressante proposée par McAree pour étudier les points cusp consiste à écrire la condition pour laquelle le mécanisme 3-RPR perd ses contraintes de premier et de second ordre. Sur la configuration où le mécanisme 3-RPR perd ses contraintes de premier et de second ordre, trois solutions au modèle géométrique direct coïncident (par suite trois modes d'assemblage coïncident). McAree a montré que cette condition conduit à la forme algébrique suivante [**McAree 1999**]:

$$\mathbf{v}^T \left[u_1 \frac{\partial^2 \Gamma_1}{\partial \theta^2} + u_2 \frac{\partial^2 \Gamma_2}{\partial \theta^2} + u_3 \frac{\partial^2 \Gamma_3}{\partial \theta^2} \right] \mathbf{v} = 0$$

où,

$$\begin{pmatrix} k_1 k_2 & k_3 k_4 & -k_1 k_4 \end{pmatrix} \left(k_1 k_2 \frac{\partial^2 \Gamma_1}{\partial \theta^2} - k_2 k_5 \frac{\partial^2 \Gamma_2}{\partial \theta^2} + k_3 k_5 \frac{\partial^2 \Gamma_3}{\partial \theta^2} \right) \begin{pmatrix} k_1 k_2 \\ k_3 k_4 \\ -k_1 k_4 \end{pmatrix} = 0,$$

avec les coefficients donnés dans [**McAree 1999**] et où **v** est un vecteur unitaire du noyau gauche de la matrice $\partial \Gamma / \partial \theta$, et u_1, u_2 et u_3 sont les trois composants d'un vecteur unitaire **u** du noyau droite de $\partial \Gamma / \partial \theta$.

Pour étudier les singularités de ce mécanisme, nous avons utilisé le même paramétrage de McAree. On définit $\mathbf{L} = (\rho_1, \rho_2, \rho_3)$ comme l'ensemble des longueurs des trois jambes du mécanisme, ou des trois variables articulaires, et $\mathbf{\theta} = (\theta_1, \theta_2, \theta_3)$ comme l'ensemble des angles entre les jambes et l'horizontale (Figure 36).

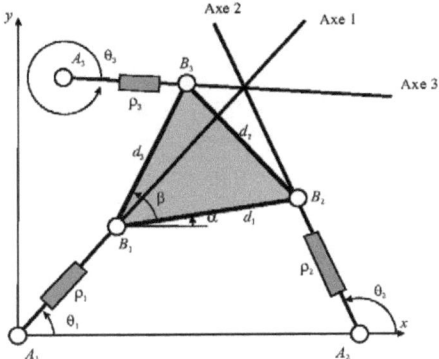 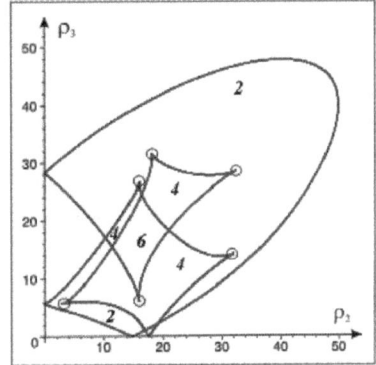

Figure 36 : Mécanisme 3-RPR en configuration singulière

Figure 37 : Singularités dans une section (ρ_2, ρ_3) de l'espace articulaire pour ρ_1=17. Le nombre de modes d'assemblage est indiqué dans chaque région.

Les six paramètres (**L**, **θ**) peuvent être considérés comme une configuration du mécanisme, sachant que seulement trois de ces six paramètres sont indépendants. L'écriture des singularités ne dépend que des angles (θ_1, θ_2, θ_3). Les courbes singulières partagent la section de l'espace articulaire en plusieurs régions non singulières où le nombre de modes d'assemblage du mécanisme est constant, égal à 2, 4 ou 6 (Figure 37). Les points encerclés sur la figure 37 représentent les points cusp, ces points ont trois solutions coïncidentes au modèle géométrique direct.

Dans [A-07-5], nous avons proposé un algorithme permettant de calculer les points cusp en fonction de ρ_1 et aussi de reconstituer l'espace articulaire en utilisant un logiciel de CAO. Contrairement aux robots sériels, le nombre de points cusp dans les sections de l'espace articulaire n'est pas constant. Pour le mécanisme étudié, nous avons trouvé jusqu'à 8 points cusp par section (Figure 38). Cependant, comme le degré du polynôme à partir duquel sont calculés ces points étant de degré 24, il serait possible d'en trouver plus.

Synthèse des activités de recherche

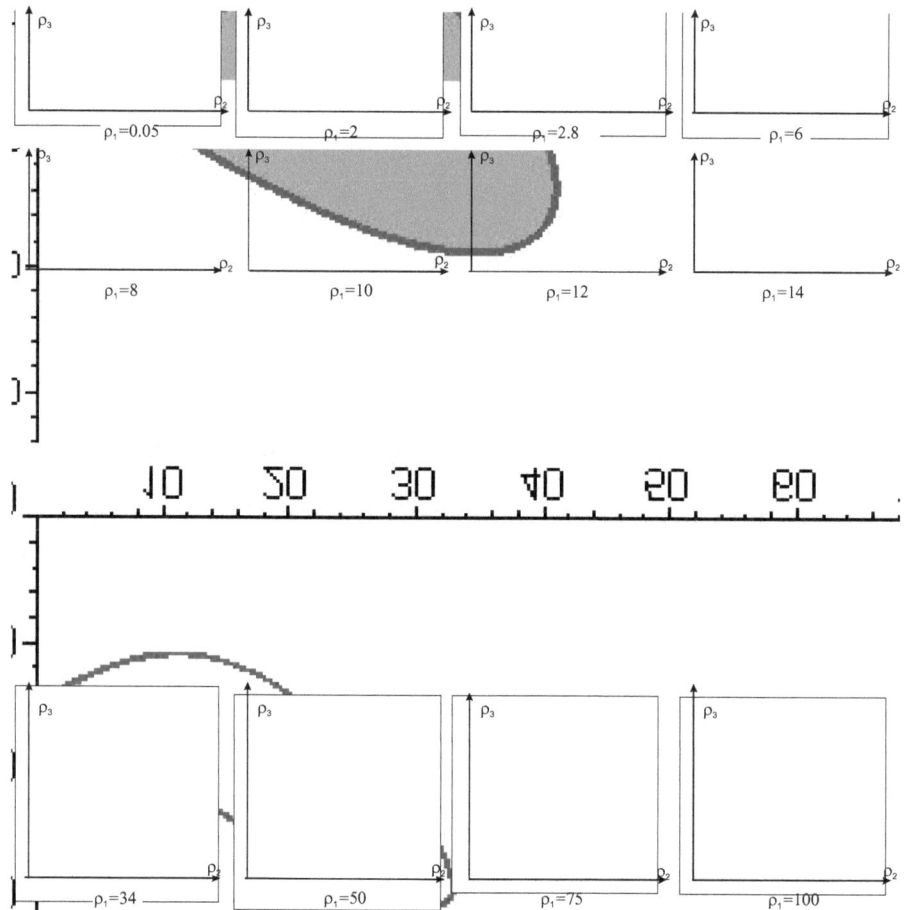

Figure 38 : Courbes de singularités dans l'espace articulaire pour des valeurs de ρ_1 croissantes

À partir de ces résultats, nous pouvons maintenant mieux expliquer les trajectoires de changement de mode d'assemblage non singulier. C'est l'objet du paragraphe suivant.

6.2.6. Trajectoire non singulière de changement de mode d'assemblage

Ce travail a été initié lors de ma thèse avec Philippe Wenger puis mis en sommeil jusqu'à la thèse de Mazen Zein (co-encadrement avec Philippe Wenger 50%) et maintenant repris dans l'ANR Robotique SiRoPa. Si la connaissance des aspects permet de savoir s'il est possible de relier deux solutions du modèle géométrique direct sans passer par une singularité, jusqu'à [McAree 1999] nous n'avions pas d'éléments permettant de caractériser cette propriété. La recherche des points cusp pour les robots 3RPR plans a été la base de la thèse de Mazen Zein [F-07-05].

Pour un mécanisme sériel 3R, la position des singularités est indépendante de la position du 1er axe. Aussi, il est possible de représenter l'espace articulaire et l'espace de travail en 2 dimensions. Pour les robots parallèles plans de type 3RPR, cette propriété n'est pas vérifiée, ce qui complique l'étude et la représentation.

Dans [C-98-05], j'avais proposé une explication du phénomène de trajectoire de changement de mode d'assemblage, singulier ou non singulier, basée sur l'étude des domaines d'unicité et des trajectoires que j'avais réalisées. Le mécanisme 3-RPR possède jusqu'à 6 solutions à son modèle géométrique direct (Figure 39).

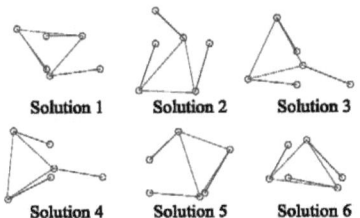

Figure 39 : Les 6 modes d'assemblage du mécanisme plan 3-RPR pour $\rho_1 = 15.0$, $\rho_2 = 15.4$ et $\rho_3 = 12.0$

À partir de l'observation des trajectoires de changement de mode d'assemblage non singulier, j'avais proposé une interprétation de ce phénomène qui est donnée dans la figure 40. On y devine sans le nommer un point cusp et le passage par une région de l'espace articulaire dans laquelle il existe moins de solutions au modèle géométrique direct. Nous avions obtenu ce résultat en observant uniquement la forme des composantes de base.

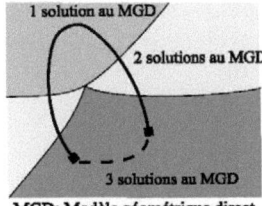
Ensemble articulaire pour un aspect donné

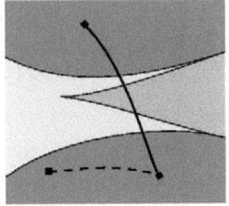
Espace de travail

Figure 40 : Trajectoires de changement de mode d'assemblage (singulier et non singulier) dans un même aspect

Dans [A-07-5], nous avons interprété toutes les trajectoires possibles entre les modes d'assemblages. Pour cela, nous avons mis en évidence qu'une simple étude dans l'espace articulaire ou dans l'espace de travail n'était pas suffisante.

Problématique de la définition de trajectoire dans l'espace articulaire

Si l'on considère une trajectoire fermée T dans une section de l'espace articulaire pour un ρ_1 fixé qui contourne un point cusp (Figure 41a). Le point initial est choisi de telle sorte qu'il possède six solutions réelles au modèle géométrique direct, noté P_i, i=1, 2, …6. En prenant en compte le fait que les côtés opposés de la représentation carrée (Figure 41b) sont coïncidents, les solutions P_1, P_2 et P_3 sont situées dans l'aspect 1 et les trois solutions restantes sont dans l'aspect 2. La trajectoire fermée T croise des courbes de singularités en quatre configurations articulaires différentes qu'on appelle q_a, q_b, q_c et q_d. Nous calculons les solutions au MGD de tous les points de la trajectoire T et nous les représentons dans la section (α, θ_1) de l'espace de travail (Fig. 41b).

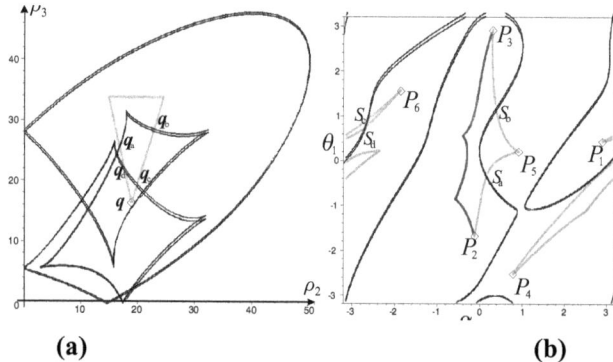

(a)   (b)

Figure 41 : Une trajectoire fermée contournant un point cusp dans une section de l'espace articulaire pour $\rho 1=17$ (Fig. 6.2a) et les trajectoires associées dans l'espace de travail (Fig. 6.2b)

Selon le sens d'exécution de T (sens trigonométrique direct ou inverse) et selon le mode d'assemblage initial, 12 trajectoires résulteront dans l'espace de travail. Ces 12 trajectoires peuvent être classifiées selon les trois types suivants :
- Les trajectoires où le mécanisme s'arrête sur l'un des points singuliers S_a, S_b, S_c et S_d qui sont associés aux configurations articulaires q_a, q_b, q_c et q_d respectivement. Huit trajectoires de ce type existent, quatre pour chaque sens d'exécution de T.

Lorsque T est exécutée dans le sens trigonométrique inverse, les quatre trajectoires de ce type sont de P_2 à S_a, de P_1 à S_d, de P_5 à S_a et de P_6 à S_d. Lorsque T est exécutée dans le sens trigonométrique direct, les quatre trajectoires de ce type sont de P_3 à S_b, de P_1 à S_c, de P_5 à S_b et de P_6 à S_c. Dans chaque cas, la solution au MGD du mode d'assemblage initial est perdue sur le point singulier, c'est pour cela que la trajectoire s'arrête et que T ne peut pas être exécutée totalement. Par conséquent, aucun changement de mode d'assemblage n'est faisable suivant ces types de trajectoires.

- Deux trajectoires fermées dans l'espace de travail, partant de P_4 et finissant sur P_4 (Figure 41b). Ces deux trajectoires fermées diffèrent seulement par leur sens d'exécution qui dépend du sens d'exécution de T. Ces deux trajectoires ne permettent pas au mécanisme de changer de mode d'assemblage, parce que la plate-forme retourne à sa position de départ dans l'espace de travail. Contrairement aux huit trajectoires décrites ci-dessus, pour ces deux trajectoires fermées, T est totalement réalisable. Chacune de ces deux trajectoires est composée de trois morceaux dont chacun est associé à un segment de la trajectoire (triangulaire) T.

- Deux trajectoires non singulières qui diffèrent par leur sens d'exécution seulement (de P_2 à P_3 ou de P_3 à P_2 selon le mode d'assemblage initial). Ces deux trajectoires sont tracées en gris foncé sur la figure 41b. Aussi, chacune de ces deux trajectoires est composée de trois morceaux dont chacun est associé à un segment de la trajectoire T. Mais dans ce cas, le mode d'assemblage final est différent du mode d'assemblage initial. Ainsi, ces deux trajectoires sont des trajectoires de changement non singulier de mode d'assemblage.

L'analyse de la figure 41 soulève les questions et les commentaires suivants :

- Deux modes d'assemblage seulement, à savoir P_2 et P_3, sont connectés par une trajectoire non singulière de changement de mode d'assemblage. Deux autres trajectoires non singulières de changement de mode d'assemblage dans l'aspect 1 peuvent exister (i.e. connectant P_2 et P_1 ou P_3 et P_1), de même trois trajectoires non singulières dans l'aspect 2 peuvent exister (i.e. connectant P_4 et P_5 ou P_5 et P_6 ou P_4 et P_6) ;

- Quelles seront les trajectoires résultantes dans l'espace de travail si la trajectoire T contourne un autre point cusp (parmi six points cusp existants) dans la même section de l'espace articulaire ? Et quels modes d'assemblage seront reliés ?

Si nous voulons relier, sans franchir une singularité, deux modes d'assemblage dans l'espace de travail associés à la même configuration articulaire donnée **q**, quel point cusp dans la section de l'espace articulaire la trajectoire T doit-on contourner ?

Pour répondre à ces questions, nous avons choisi d'étudier l'espace de configuration (EC=f(ρ_1, ρ_2, ρ_3, α, θ_1)) pour la représentation des trajectoires de changement de mode d'assemblage. Aussi, en fixant la variable ρ_1, nous considérons des sections bidimensionnelles, ainsi l'espace de configuration devient une surface dans un espace à quatre dimensions représenté par le produit des espaces (ρ_2, ρ_3) et (α, θ_1).

Pour étudier les trajectoires de changement de mode d'assemblage dans un aspect donné, l'originalité de notre approche a été de projeter dans un espace tridimensionnel l'espace des configurations. Deux alternatives étaient possibles, soit (ρ_2, ρ_3, α), soit (ρ_2, ρ_3, θ_1). Pour faire le choix du troisième paramètre entre α et θ_1, nous avons du nous assurer que la combinaison correspondante des trois variables (ρ_2, ρ_3, α) ou (ρ_2, ρ_3, θ_1) définit bien une configuration du mécanisme et une seule (avec ρ_1 connue). En utilisant les résultats issus de l'étude du modèle géométrique direct [A-07-4], nous avons rejeté l'utilisation du triplet (ρ_2, ρ_3, α). Inversement, les résultats de [Tancredi 1995] nous ont permis d'utiliser le triplet (ρ_2, ρ_3, θ_1) pour représenter les trajectoires de changement de mode d'assemblage.

La figure 42 montre les deux espaces de configurations CS_1 et CS_2 pour ρ_1=17 du mécanisme 3-RPR parallèle étudié dans la section précédente. Les deux surfaces sont représentées sous deux angles différents pour une meilleure visualisation.

À partir de cette représentation, nous avons pu définir des exemples de trajectoires reliant P_1 et P_2, P_2 et P_3 ainsi que P_1 et P_3 [A-08-1]. Dans ce mémoire, je ne représente qu'une seule trajectoire qui relie P_1 et P_3. Nous remarquons que pour relier les deux modes d'assemblage P_1 et P_3, la trajectoire dans l'espace articulaire contourne deux points cusp par la trajectoire T montrée sur la figure 43. Ce résultat est nouveau, car d'après [McAree 99] un seul point cusp devait être contourné pour effectuer un changement non singulier de mode d'assemblage. Ce résultat n'aurait jamais pu être découvert avec la seule information fournie par la représentation des espaces articulaire et de travail séparément.

Synthèse des activités de recherche

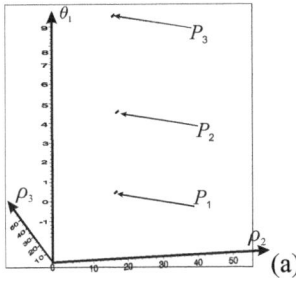 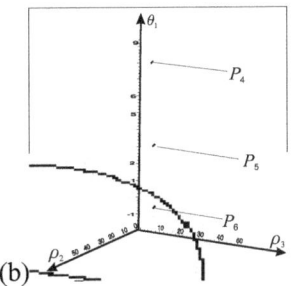

Figure 42 : Les espaces de configuration de CS_1 (a) et de CS_2 (b) associés aux aspects 1 et 2 respectivement. Les six modes d'assemblages calculés au point q =$[17 \ 19 \ 17]^T$ (P_1, P_2 et P_3 dans l'aspect 1 et P_4, P_5 et P_6 dans l'aspect 2). Les singularités (en noir gras) définissent les frontières de CS_1 et CS_2.

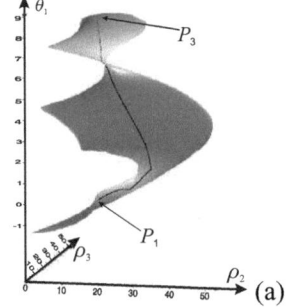 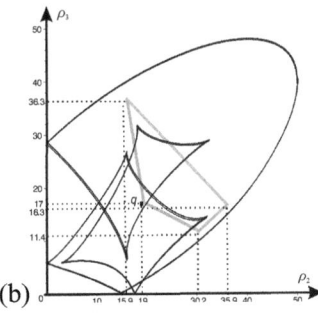

Figure 43 : Trajectoire non singulière de changement de mode d'assemblage reliant les deux modes d'assemblage P_1 et P_3 dans l'aspect 1 dans (ρ_2, ρ_3, θ_1) (a), dans (ρ_2, ρ_3) (b).

Conclusion : En utilisant une représentation hybride de l'espace, nous pouvons rapidement dire si deux postures appartiennent à un même aspect et définir une trajectoire pour les relier. La limitation actuelle de la méthode est que l'on doit fixer une des articulations motorisées pour pouvoir représenter la trajectoire.

6.2.7. Conclusion

Dans ce chapitre, j'ai résumé les contributions réalisées dans le cadre de ma thèse, de mon post-doc et des co-encadrements des thèses de Maher Baili et Mazen Zein et du DEA de Stéphane Caro. Dans ces contributions, j'ai pu présenter mon parcours dans l'étude des mécanismes sériels et parallèles. Si le point de départ de ma recherche était les mécanismes parallèles, je n'aurais jamais pu avancer si je n'avais pas pu

Synthèse des activités de recherche

étudier les mécanismes sériels avec Philippe Wenger. Ces résultats me serviront directement ou indirectement pour faire de la conception optimale.

6.2.8. Production scientifique en analyse de mécanismes

6.2.8.1. Principales publications

A-01-1 CHABLAT D., WENGER P.,
" Les Domaines d'Unicité des Manipulateurs Pleinement Parallèles ",
Mechanism and Machine Theory, Vol 36/6, pp. 763-783, 2001.

A-02-1 CHABLAT D. ANGELES J.,
" On the Kinetostatic Optimization of Revolute-Coupled Planar Manipulators ",
Mechanism and Machine Theory, Vol 37/4, pp. 351-374, 2002

A-03-2 CHABLAT D., ANGELES, J.,
" The Computation of All 4R Serial Spherical Wrists With an Isotropic Architecture ",
Journal of Mechanical Design, Vol 125/2, pp. 275-280, Juin 2003.

A-04-3 BAILI M., WENGER P., CHABLAT D,
" Kinematic Analysis of a Family of 3R manipulators ",
Problems of Applied Mechanics, Vol. 15, N°2, pp 27–32, juillet 2004.

A-05-2 WENGER P., CHABLAT D. ET BAILI M.,
" A DH-parameter based condition for 3R orthogonal manipulators to have 4 distinct inverse kinematic solutions ",
Journal of Mechanical Design, Volume 127, pp. 150-155, Janvier 2005.

A-06-4 ZEIN M., WENGER P. ET CHABLAT D.,
" An Exhaustive Study of the Workspaces Topologies of all 3R Orgthogonal Manipulators with Geometric Simplifications ",
Mechanism and Machine Theory, Volume 41, Issue 8, Août 2006, Pages 971-986.

A-07-5 ZEIN M., WENGER P ET CHABLAT D.,
"Singular Curves in the Joint Space and Cusp Points of 3-RPR parallel manipulators",
Robotica, Vol. 25(6), pp. 717-724, Novembre 2007.

A-08-1 ZEIN M., WENGER P. ET CHABLAT D.,
"Non-Singular Assembly-mode Changing Motions for 3-RPR Parallel Manipulators",
Mechanism and Machine Theory, Vol 43(4), pp. 480-490, 2008.

6.2.8.2. Encadrements

Thèses

F-04- MAHER BAILI,

02	"Analyse et classification des robots 3R à axes orthogonaux", Thèse de doctorat de l'École Centrale de Nantes, de l'Université de Nantes, co-encadrement avec Ph. Wenger.
F-07-05	**MAZEN ZEIN,** "Conception de machines parallèles", Thèse de doctorat de l'École Centrale de Nantes, de l'Université de Nantes, co-encadrement avec Ph. Wenger.

DEA/Masters

E-02-02	**CARO S.,** Les courbes d'iso-conditionnement pour la conception d'un manipulateur parallèle plan de type 3PRR, DEA Génie Mécanique, École Centrale Nantes, co-encadrement avec P. Wenger et J. Angeles (Université McGill, Montréal).
E-07-04	**NOVONA RAKOTOMANGA,** "Conception Optimale d'un Mécanisme Parallèle plan à Structure Variable", Master Génie Mécanique, École Centrale Nantes.

6.3. Conception et optimisation de mécanismes

6.3.1. Introduction

Un des objectifs de base en robotique est de pouvoir déplacer des objets selon des trajectoires prescrites. La plupart des mécanismes développés dans ce but sont de type sériel, c'est-à-dire qu'ils sont formés par la disposition en série d'articulations et de segments (chaînes cinématiques simples). À l'origine, leur conception s'inspire du bras humain, les mécanismes anthropomorphes. Par la suite, une nouvelle architecture de mécanisme est apparue pour tester les pneumatiques (Figure 44).

Figure 44 : Plate-forme de Gough-Stewart

Ce mécanisme connu sous le nom de plate-forme de Gough [**Gough 1957**] est un mécanisme parallèle. Il est constitué d'un ensemble de chaînes cinématiques simples, lui donnant une plus grande rigidité. Pourtant, ce n'est que vers la fin des années 70 et au début des années 80, que les mécanismes parallèles ont commencé à attirer l'attention des mécaniciens et des roboticiens en tant qu'alternative possible aux structures sérielles. À la fin des années soixante, D. Stewart réutilisera cette architecture pour concevoir un simulateur de vol [**Stewart 1965, Merlet 2005**]. Pour augmenter encore les performances de ces mécanismes, des architectures hybrides se sont développées qui allient les atouts des mécanismes sériels et parallèles tout en minimisant leurs défauts.

Sur ces plusieurs types de mécanismes, j'ai apporté des contributions sur la conception et l'optimisation :

- Les mécanismes sériels : à la suite des travaux de classification de mécanismes sériels orthogonaux, nous avons évalué les performances de ces robots en fonction de leur classe d'appartenance ;
- Les mécanismes parallèles plans à deux degrés de liberté : en utilisant les résultats sur la notion d'aspect, nous avons comparé et optimisé plusieurs mécanismes plans en mettant des contraintes de conception, à l'usinage grande vitesse, l'isotropie et le conditionnement de la matrice jacobienne ;
- Les mécanismes parallèles à trois degrés de liberté : nous avons utilisé tous les

Synthèse des activités de recherche

outils d'analyse de performance des mécanismes ainsi que la notion de longueur caractéristique. Nous avons introduis de nouveaux indices de performance pour comparer pour étudier ces mécanismes.

- Les mécanismes sphériques : nous avons conçu une cinématique de mécanisme sphérique adaptée pour chaque vertèbre d'un robot anguille.
- Le machine Verne : l'étude d'une machine outil à structure hybride est l'objet de ce travail. Nous avons étudié sa cinématique, les modèles géométriques direct et inverse ainsi que l'espace de travail.
- Le mécanisme Slide-o-Cam: l'étude d'une transmission de mouvement est l'objet de ce travail. Dans ce mécanisme, nous avons modélisé les fonctions d'optimisation et les contraintes pour en faire une conception multi-objectifs.

6.3.2. Les mécanismes sériels 3R

Le travail lié à la conception optimale de mécanismes sériels 3R orthogonaux a été réalisé dans le cadre de la thèse de Maher Baili (co-encadrement avec Philippe Wenger 50%) et de Mazen Zein (co-encadrement avec Philippe Wenger 50%). Ce travail avait pour objectif de comparer les différentes classes de mécanismes sériels 3R orthogonaux représenté dans la figure 45. Plusieurs indices de performances ont été utilisé (locaux et globaux).

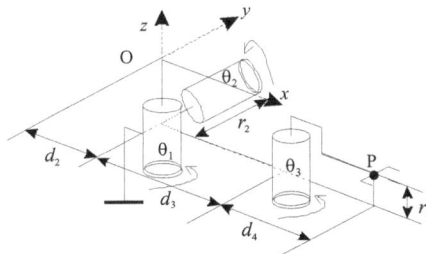

Figure 45 : Mécanisme 3R orthogonal

Les résultats les plus intéressants ont été obtenus lors de l'étude des mécanismes 3R orthogonaux possédant des simplifications, c'est-à-dire des paramètres de DHm nuls [A-06-4]. Nous avons étudié 10 familles de mécanismes possédant au moins un paramètre nul (Figure 46).

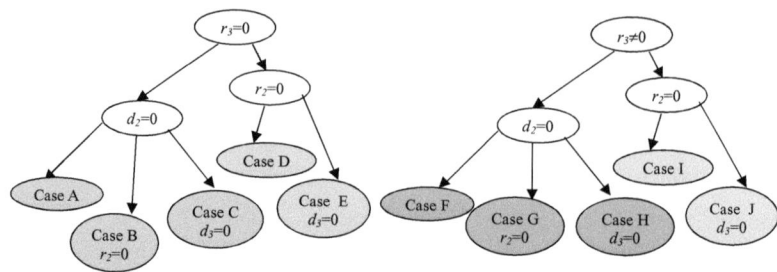

Figure 46 : Les 10 familles de mécanismes 3R possédant au moins un paramètre nul

Nous avons caractérisé les propriétés de ces mécanismes en fonction de la présence ou non de trous dans l'espace de travail, du nombre de nœuds, du nombre de solutions au modèle géométrique inverse ainsi que sur la t-parcourabilité.

Pour comparer tous les mécanismes comportant à priori de bonnes performances, nous avons introduit un nouvel indice de performance combinant la notion d'espace dextre régulier et la compacité du mécanisme **[C-07-04, F-07-05]**.

Pour un mécanisme donné, on définit ce nouvel indice de performance η comme le ratio entre l'arête de l'EDR et la portée maximale ρ_{max} de ce mécanisme :

$$\eta = a_{RDW} / \rho_{max} \quad (3.8)$$

L'indice η, compris entre 0 et 1, évalue si un mécanisme 3R possède dans son espace de travail un grand volume régulier dont les performances locales sont bornées.

Nous avons classifié seulement cinq types de mécanismes suivant trois classes par ordre de pertinence, sans faire une comparaison entre les types qui ont des propriétés similaires C et H ou B1 et G :

- Première classe : Types C et H ($\eta_{max} = 0{,}58$).
- Deuxième classe : Types B1 et G ($\eta_{max} = 0{,}52$).
- Troisième classe : Type E ($\eta_{max} = 0{,}42$).

Les deux meilleurs types de mécanismes sont représentés dans la figure 47 et ont des performances équivalentes selon notre indice de performance. Nous avons aussi comparé ces résultats avec un mécanisme de type anthropomorphe en utilisant le même indice de performance. Dans ce cas, l'indice η maximum trouvé est égal à 0.6.

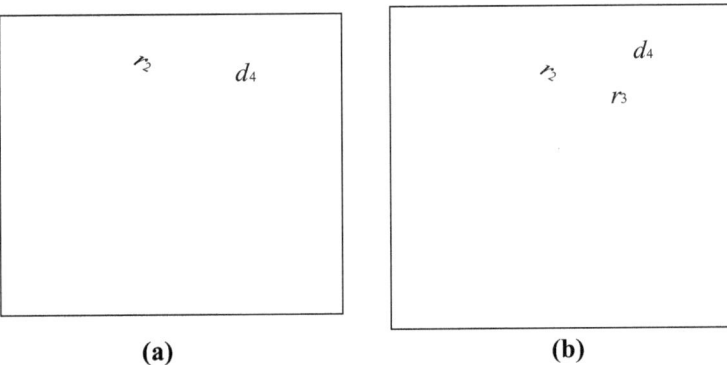

Figure 47 : Mécanismes 3R (a) $r_2=4$ et $d_4=4$ (Type C) et (b) $r_2=4$, $d_4=3.8$ et $r_3=0.8$ (Type H)

6.3.3. Les mécanismes parallèles plans à deux degrés de liberté

Mes premiers travaux liés à l'optimisation de mécanismes parallèles ont commencé avant la fin de ma thèse **[B-98-1]**. Au départ, mon critère d'optimisation était l'élimination des singularités de l'espace de travail des mécanismes 5 barres en appliquant la notion de mode de fonctionnement et de mode d'assemblage. J'utilisais aussi le conditionnement pour analyser les performances cinétostatiques de ces mécanismes.

La première application de mes recherches réalisées pendant mon séjour post-doctoral a été la comparaison de mécanismes parallèles plans en vue de leur application en usinage **[C-01-01]**. C'est à la suite de la soutenance de DEA de Bruno Maillé que j'ai eu l'idée d'utiliser mes résultats sur les ensembles de points isotropes aux mécanismes parallèles **[Wenger 1999]**.

En comparant trois mécanismes parallèles plans, j'ai pu montrer que lorsque les actionneurs sont orthogonaux, et non colinéaires ou alignés, nous pouvons avoir un plus grand espace de travail sans singularité (Figure 48). Ce travail exploite les propriétés locales des matrices jacobienne. En effectuant une homothétie, il était aussi possible de trouver les dimensions du mécanisme permettant d'avoir un espace de travail de surface équivalente. Dans la figure 48, trois mécanismes parallèles plans sont représentés avec des actionneurs alignés, orthogonaux ou parallèles. Pour des mêmes longueurs de jambe, c'est la solution avec des actionneurs orthogonaux qui donne le meilleur résultat.

Synthèse des activités de recherche

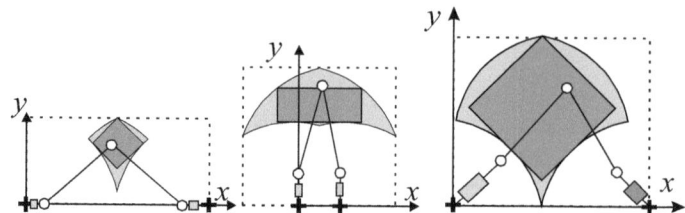

Figure 48 : Comparaison de trois mécanismes parallèles plans pour des longueurs de jambes identiques

Conclusions : Ce travail est le début de la réflexion qui m'a permis plus tard de faire l'optimisation de l'Orthoglide [A-03-1]. Dans cet exemple, nous avons pris en compte l'espace articulaire et l'espace de travail. Nous avons aussi montré l'importance de la recherche d'un espace de travail régulier et sans singularité.

6.3.4. Les mécanismes parallèles à trois degrés de liberté

Pour l'optimisation des mécanismes parallèles plans, de nombreux chercheurs ont utilisé la notion de volume d'espace de travail [Merlet 2005, Jo 1989, Haugh 1995]. J'ai abordé deux problèmes dans l'optimisation des mécanismes à trois degrés de liberté: le premier est l'utilisation de la longueur caractéristique pour l'évaluation du conditionnement et le second est la notion d'espace dextre régulier.

Dans [C-02-04, B-03-1], nous avons utilisé la longueur caractéristique sur le mécanisme plan 3-PRR représenté dans la figure 49 afin d'homogénéiser les matrices jacobiennes. Ce travail réalisé avec Jorge Angeles se place dans le prolongement d'une piste de recherche initiée lors de mon post-doc. Pour comparer les modes de fonctionnement, nous avons calculé la valeur moyenne du conditionnement inverse ainsi que la surface de l'espace de travail.

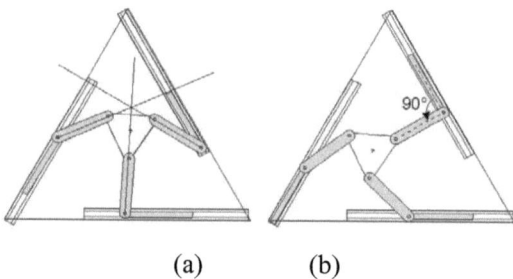

(a) (b)

Figure 49 : Exemple (a) de singularité parallèle et (b) de singularité sérielle du mécanisme 3-PRR

L'évolution de ces critères est représentée dans la figure 50. Sans que les termes soient utilisés dans ce travail, je peux dire maintenant que c'est le premier exemple d'optimisation multi-objectifs sur lequel j'ai travaillé. Pour différentes raisons, la conclusion de l'article présente le ratio r/R=2, comme étant la meilleure solution.

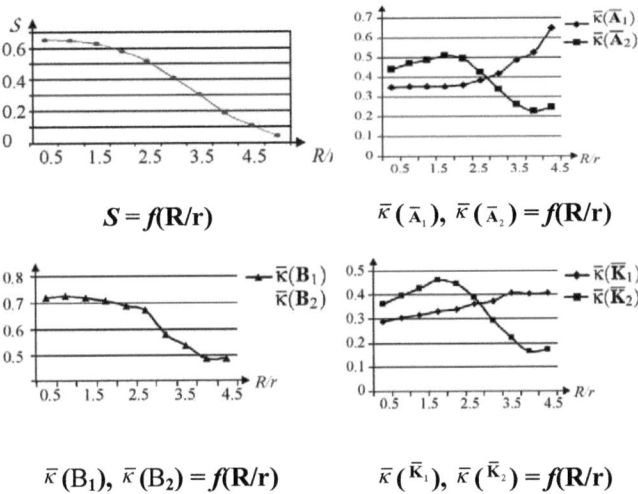

$S = f(\text{R/r})$ $\overline{\kappa}(\overline{A}_1), \overline{\kappa}(\overline{A}_2) = f(\text{R/r})$

$\overline{\kappa}(B_1), \overline{\kappa}(B_2) = f(\text{R/r})$ $\overline{\kappa}(\overline{K}_1), \overline{\kappa}(\overline{K}_2) = f(\text{R/r})$

Figure 50 : Évolution de la surface de l'espace de travail et du conditionnement des matrices $\overline{A}, B$ et $\overline{K}$ pour deux modes de fonctionnement

Les suites à ce travail seront nombreuses car c'est à partir de ce problème que l'on a formulé la notion d'espace dextre régulier [C-02-06]. En effet, pour comparer plusieurs mécanismes parallèles à trois degrés de liberté, nous avons testé plusieurs indices de performance, comme l'espace de travail dextre régulier ou le volume englobant.

Définition : L'Espace de travail Dextre Régulier (ou EDR) est une portion de l'espace de travail atteignable d'un mécanisme parallèle, dans laquelle les problèmes posés par les machines parallèles pour l'usinage (singularités, variation des performances) n'existent plus [F-04-01].

La forme de l'EDR est dite régulière, parce qu'elle est proche de celle de l'espace de travail des machine-outils sérielles classiques (cubique, cylindrique, prismatique). Le calcul du volume du plus grand EDR va permettre d'évaluer une architecture de mécanisme parallèle en prenant en compte la forme de l'espace de travail. La géométrie complexe de l'espace de travail peut poser problème pour le placement de trajectoires d'usinage. La prise en compte de cet aspect dans l'évaluation est intéressante. De plus, un indice cinétostatique est borné à l'intérieur de l'EDR. Le choix des bornes dépend des besoins de l'utilisateur. La limitation d'un indice cinétostatique n'est pas souvent utilisée pour évaluer ou optimiser un mécanisme parallèle. Les travaux existants évaluent plutôt l'intégrale volumique d'un indice cinétostatique dans l'espace de travail.

L'EDR est une portion de l'espace de travail dont les performances cinétostatiques, évaluées avec un indice choisi selon la tâche à accomplir, sont garanties, ce qui assure l'absence de singularités. De plus, la forme régulière de l'EDR est plus simple à visualiser, ce qui facilite le placement intuitif de trajectoires d'usinage. Il faut préciser que la notion d'EDR est définie pour un aspect donné [A-01-1].

Dans le cadre de la thèse de Félix Majou, nous avons évalué cet indice en utilisant les méthodes d'analyse par intervalle [A-04-2, C-02-06, C-04-01]. La figure 51 représente la liste des mécanismes étudiés en utilisant comme forme d'espace de travail dextre, le cube ou le cylindre.

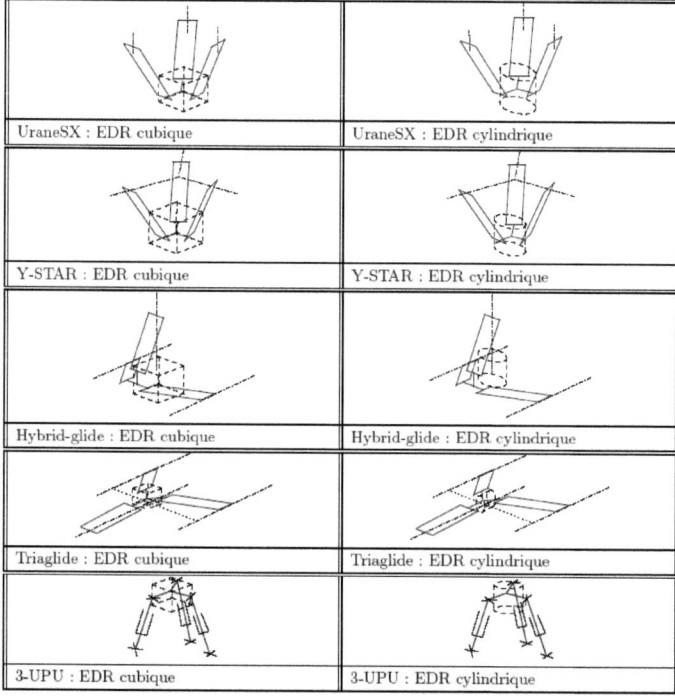

Figure 51 : Famille des mécanismes parallèles et localisation de leur espace dextre régulier

Dans le tableau 2, plusieurs indices sont utilisés : le volume de l'espace dextre, le volume englobant, le ratio entre le volume de l'espace dextre régulier et le volume de l'espace de travail ou le volume englobant ainsi qu'une moyenne de tous les indices. Malheureusement, ces indices sont incomplets à cette étape de la conception, car ils ne prennent pas en compte la technologie nécessaire à la réalisation (comme les actionneurs) et les collisions internes. Une solution intéressante sort de cette étude, l'hybrid-glide. Malheureusement, je n'ai pas eu le temps de continuer les travaux de Félix Majou et la piste de recherche reste ouverte.

	EDR cubique					
	Ortho	Urane	Y-STAR	Hybrid	Triaglide	3UPU
$\mathcal{W}_{DR}$ (m³)	**0.265**	0.136	0.084	0.0996	0.0145	0.0723
$\mathcal{V}$ (m³)	**6.053**	1.374	3.523	2.407	0.88	0.709
$\mathcal{W}_{DR}/\mathcal{W}$	**0.463**	0.226	0.227	0.445	0.157	0.178
$\mathcal{W}_{DR}/\mathcal{V}$	0.0438	0.099	0.024	0.0414	0.0165	**0.102**
$\mathcal{I}_{mix}$ (%)	71	**73**	36	68	25	69
Moyenne FAV	1.02	1.01	1.16	1.26	1.21	1.12
	EDR cylindrique					
	Ortho	Urane	Y-STAR	Hybrid	Triaglide	3UPU
$\mathcal{W}_{DR}$ (m³)	**0.337**	0.282	0.0751	0.0829	0.0261	0.0998
$\mathcal{V}$ (m³)	**6.45**	1.556	3.269	2.318	0.911	0.717
$\mathcal{W}_{DR}/\mathcal{W}$	0.53	0.346	0.269	**0.643**	0.187	0.202
$\mathcal{W}_{DR}/\mathcal{V}$	0.0522	**0.181**	0.023	0.0358	0.0286	0.139
$\mathcal{I}_{mix}$ (%)	56	**77**	27	60	22	54
Moyenne FAV	1.08	1.06	1.22	1.3	1.2	1.17

Tableau 2 : Évaluation de l'espace dextre régulier pour une famille de mécanisme parallèle

Conclusion : Dans ce travail, nous avons appliqué la notion de longueur caractéristique pour des mécanismes parallèles plans. Nous avons optimisé ses paramètres géométriques en fonction du conditionnement moyen des matrices jacobiennes ainsi que de la surface de l'espace de travail. Pour les mécanismes parallèles à trois degrés de liberté en translation, nous avons introduit plusieurs indices de performances pour comparer des mécanismes à 3 degrés de liberté. Nous avons introduit la notion d'espace dextre régulier ainsi que d'autres indices basés sur le ratio entre l'espace de travail dextre et le volume de l'espace de travail ou le volume de la machine.

6.3.5. Les vertèbres du robot anguille

Dans le cadre du projet Robea Anguille, nous travaillons sur la mise en œuvre d'architectures cinématiques parallèles pour la réalisation des vertèbres. Pour mimer la nage des anguilles, nous recherchons la cinématique permettant la réalisation de la nage ainsi que des changements de direction tel que la plongée. Les contraintes d'encombrement sont aussi prises en compte afin de faciliter la miniaturisation de nos vertèbres et l'utilisation de moteurs électriques. Pour améliorer la portance de l'anguille, sa section le long de son corps entre la tête et la queue est elliptique. Ce projet continue actuellement dans le projet ANR RAAMO (2007-2010). Pour la construction du prototype, j'ai travaillé avec les services techniques de l'IRCCyN (G. Branchu, P. Lemoine et P. Molina) et M. CANU de l'EMN.

6.3.5.1. Choix de l'architecture mécanique

À partir de l'étude biomécanique, il a été décidé de réaliser le prototype par l'empilement de 12 vertèbres ayant chacune 3 degrés de liberté de rotation. Pour notre étude, les contraintes suivantes ont été considérées :

- Réduire le plus possible l'espace inter-vertébral afin de pouvoir s'approcher au maximum d'un modèle de déformation continue (Figure 52) ;
- Utiliser au maximum la section elliptique des vertèbres (Figure 52) ;
- Équilibrer le placement des éléments mécaniques afin d'assurer l'équilibre hydrostatique des vertèbres ;
- Trouver les mécanismes les plus robustes vis-à-vis des erreurs d'assemblage.

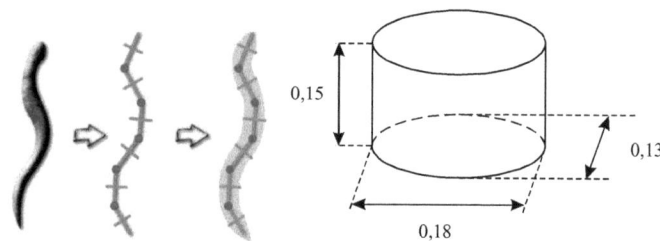

Figure 52 : Décomposition du corps de l'anguille en vertèbre avec leurs dimensions

Afin de pouvoir loger la mécanique, l'informatique et l'électronique dans le corps de l'anguille, nous avons fixé les dimensions suivantes pour chaque vertèbre : longueurs des focales 0,18 m et 0,13 m, hauteur de 0,15 m. Ceci revient à construire une anguille de plus de 2 m de long lorsque l'on tient compte de la tête et de la queue.

Sur la base d'une observation du système musculaire des poissons, nous étions tentés de réaliser nos vertèbres avec uniquement des actionneurs linéaires. Malheureusement, nous constatons que pour des petits encombrements, il existe peu d'alternatives robustes aux actionneurs rotatifs. En effet, pour réaliser une translation, la majeure partie des actionneurs linéaires utilise un actionneur rotatif, couplé à une liaison hélicoïdale. Les pertes dues aux frottements sont, dans ce cas, non négligeables. De plus, deux inconvénients s'ajoutent à ce type d'actionnement :

- L'encombrement : moteur + guidage ;
- Les débattements réduits.

De même, la réalisation des vertèbres à partir d'une architecture cinématique sérielle a été écartée. En effet, l'utilisation d'une chaîne cinématique sérielle telle que représentée dans la figure 53 pose les problèmes suivants :
- Les moteurs sont placés de manière asymétrique ;
- Le couplage entre les moteurs ① et ③ de chaque vertèbre nécessite la présence d'un montage complexe pour le transfert des contraintes entre les vertèbres ;
- Le déplacement du moteur ② entraîne des déplacements de masses importantes.

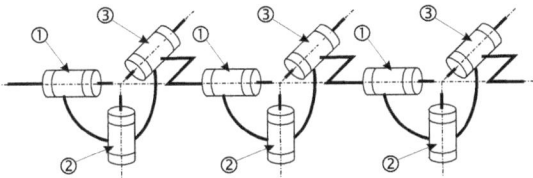

Figure 53 : Prototype de robot anguille basé sur une architecture complètement sérielle

Finalement, nous avons opté pour une architecture parallèle. Ce choix fait, il existe de nombreuses solutions parallèles réalisant un poignet sphérique. Elles sont habituellement classifiées suivant les propriétés suivantes **[Karouia 2003]** :
- symétrique / asymétrique ;
- isostatique / hyperstatique ;
- actionneurs linéaires / actionneurs rotatifs.

Cependant, et malgré les efforts de classifications, peu de réalisations technologiques de « liaison rotule d'architecture parallèle » existent à ce jour. Parmi ces rares prototypes, le plus connu en robotique est probablement l'œil agile développé par Clément Gosselin **[Gosselin 1994]**. Cette architecture a été utilisée pour orienter une caméra dans l'espace (d'où son nom d'œil agile) ou comme périphérique haptique **[Birglen 2002]**. Elle est constituée de trois moteurs rotatifs dont les axes se croisent au centre de la rotule et de trois « pattes » constituées de deux pivots chacune, dont les axes coupent aussi le centre de la rotule (Figure 54). Ce sont ces pattes qui réalisent la liaison entre la partie fixe du mécanisme et la caméra (respectivement le poignet de l'utilisateur).

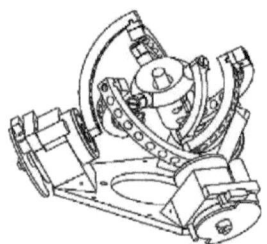 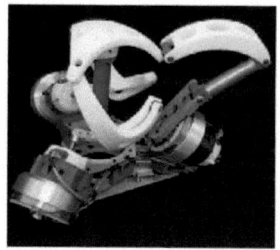

Figure 54 : L'œil agile et le ShaDe développés à l'Université Laval de Québec

Enfin, lorsque l'on assemble en série un tel mécanisme répété à l'identique, tous les efforts transitent par l'intermédiaire des axes de tous les moteurs, obligeant à renforcer les liaisons pivots de ces derniers. Pour éliminer ce problème, nous avons étudié une famille de poignet possédant une rotule passive au centre de la rotation (Figure 55).

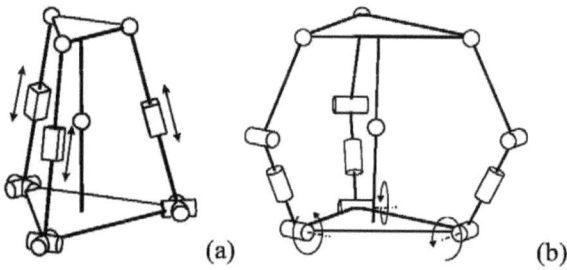

Figure 55 :Exemple de poignet sphérique avec le centre de rotation contraint par une articulation passive avec (a) actionneur linéaire et (b) actionneur rotatif

Ainsi, une solution entre l'œil agile et un poignet parallèle à 4 pattes peut être obtenue en motorisant la patte portant la rotule. Dans ce cas, on obtient une patte centrale constituée d'un pivot motorisé suivi d'un cardan. En affectant les 2 autres pattes au contrôle des deux rotations du cardan, on obtient le poignet représenté dans la figure 56. Ce mécanisme est dérivé du mécanisme de poignet défini par Agrawal **[Agrawal 1995]** avec des actionneurs rotatifs en lieu et place des actionneurs linéaires.

Synthèse des activités de recherche

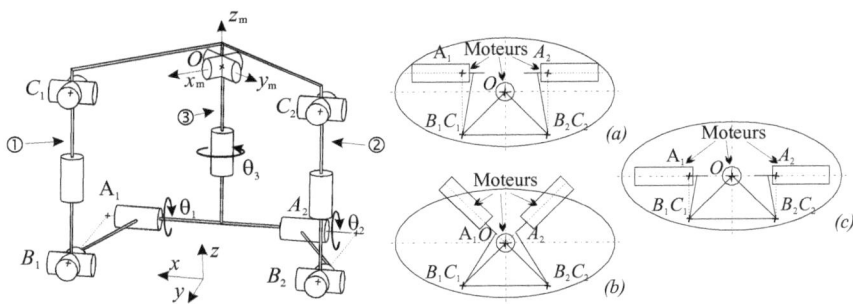

Figure 56 : Modélisation des vertèbres basée sur une architecture parallèle et son placement dans l'enveloppe elliptique

Nous avons retenu cette architecture parce qu'elle est très compacte et peut facilement être placée dans la forme elliptique de l'anguille [B-06-1]. De plus, la cinématique permet de reproduire, au travers de l'action des deux biellettes ① et ②, le rôle des muscles attachés au squelette et travaillant en addition (dans le sens du lacet, pour la propulsion) et en soustraction (dans celui du tangage, pour la plongée). Le moteur placé sur la patte ③ permet de réaliser le mouvement de roulis. Plusieurs variantes de placement des moteurs ont été testées dans le projet (Figures 56 (a), (b) et (c)). C'est la solution (c) qui a été retenue car dans ce cas, l'axe des moteurs est colinéaire à l'axe de la plus grande focale de l'ellipse. Dans ce cas, lorsque l'angle de roulis est nul, les deux moteurs coaxiaux fonctionnent comme un différentiel. Sur la base de ce choix, les modèles cinématique et géométrique (direct et inverse) de ce robot parallèle ont été élaborés. Pour la commande, seul le modèle géométrique inverse est calculé. Avec notre conception, il s'écrit sous forme d'équations quadratiques, ce qui permet de le résoudre algébriquement. Cet aspect est crucial en raison des puissances de calcul limitées des calculateurs embarqués. Pour éviter que le moteur ne supporte des efforts axiaux trop importants, nous avons placé deux engrenages parallèles déportant le moteur relativement à l'axe vertébral. Ce dispositif permet aussi de placer un moteur dont la longueur axiale est importante.

6.3.5.2. Assemblage des vertèbres

Le corps de l'anguille est réalisé par la mise en série de ses vertèbres. Dans cet assemblage, l'emplacement des moteurs, de l'informatique embarquée et de l'électronique de puissance doivent être pris en compte. Après analyse des besoins de calcul en ligne, le choix a été adopté d'affecter un micro-contrôleur à deux vertèbres. Les moteurs contrôlant le tangage et le lacet sont côte à côte tandis que ceux contrôlant le roulis sont en opposition. Ce choix permet d'équilibrer les masses sur deux vertèbres. Enfin, sur chaque section elliptique sera fixée la peau de notre robot.

La figure 57 représente la position des différents éléments dans le prototype. La modélisation sous CATIA de chaque vertèbre a permis de simuler le déplacement des moteurs et d'éviter les interférences entre les pièces en mouvement (Figure 58) et sa réalisation (Figure 59).

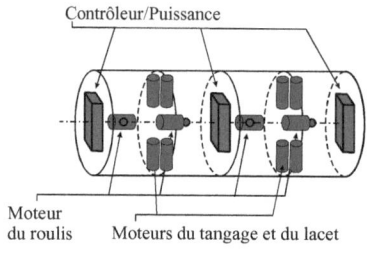
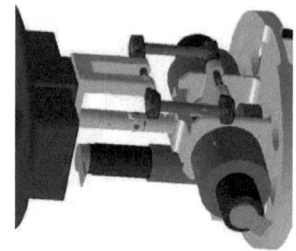

Figure 57 : Organisation des éléments mécaniques, de l'informatique et de l'électronique de puissance

Figure 58 : Modélisation CATIA

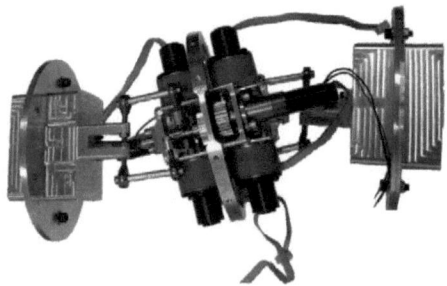

Figure 59: Prototype de deux vertèbres de l'anguille réalisé par les services techniques de l'IRCCyN

Conclusion : Le projet anguille nous a permis de concevoir un mécanisme parallèle pour application différente de celle de l'usinage. Nous avons adapté les critères de conception et réalisé un prototype qui regroupe 12 mécanismes sphériques parallèles.

6.3.6. La machine Verne

À l'occasion du projet européen NEXT (2005-2009), nous avons étudié la cinématique de la machine Verne, machine d'usinage grande vitesse construit par Fatronik pour l'IRCCyN. Ce travail a été réalisé dans le cadre de la thèse de Daniel Kanaan avec Philippe Wenger et Wisama Khalil.

Nous avions comme objectifs la recherche des configurations singulières, la détermination des modes d'assemblage et de fonctionnement de la partie parallèle, la création de modèle analytique pour le modèle géométrique inverse et direct ainsi que la modélisation de l'espace de travail en tenant compte des limites des articulations actives et passives. Une utilisation directe de ce travail est l'augmentation du volume de travail utile de la machine Verne.

Nous avons trouvé que le module parallèle de la machine Verne possède 16 modes de fonctionnement (Figure 60) et 4 modes d'assemblage (Figure 61).

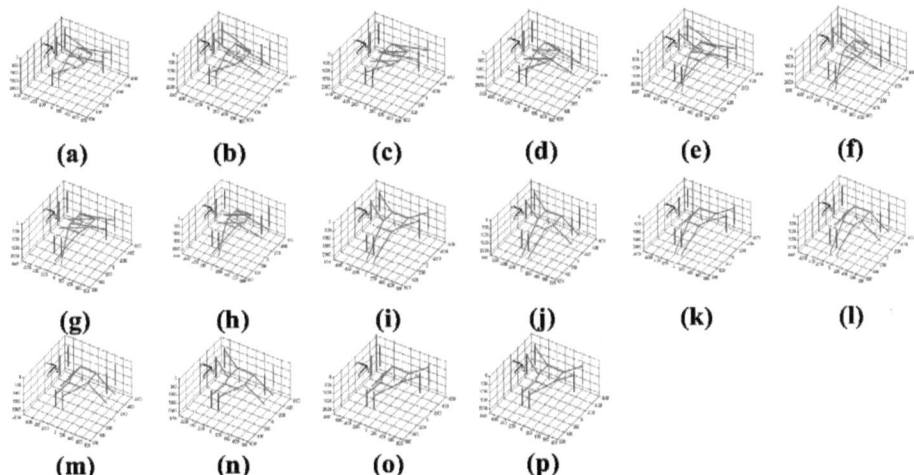

Figure 60 : Les 16 modes de fonctionnement de la machine Verne (module parallèle) pour $x_p = -240$ mm, $y_p = -86$ mm et $z_p = 1000$ mm

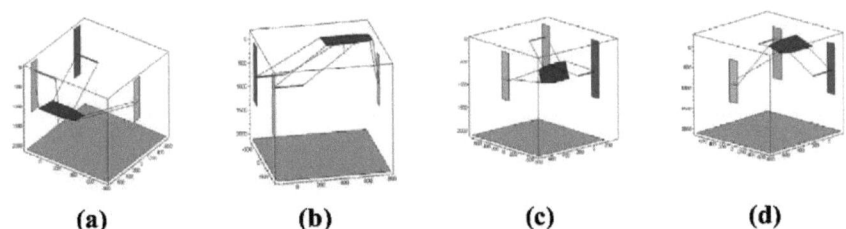

Figure 61 : Les 4 modes d'assemblage de la machine Verne (module parallèle) pour $\rho_1 = 674$ mm, $\rho_2 = 685$ mm et $\rho_3 = 250$ mm. **mais seulement la solution (a) est accessible pour la machine réelle**

Nous avons aussi calculé l'espace de travail pour le module parallèle (Figure 62) ainsi que pour la machine complète pour l'usinage 3 axes (Figure 63) ou 5 axes. Nous avons aussi comparé dans la figure 64 l'espace de travail actuellement modélisé par un cylindre de diamètre 500 mm à l'espace de travail réel pour un usinage 3 axes et un outil de longueur 50 mm.

 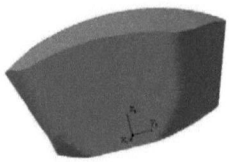

Figure 62 : Espace de travail défini par l'effecteur du module parallèle de la machine Verne dans un repère fixe.

Figure 63 : Espace de travail pour un usinage 3 axes et un outil de longueur 50 mm pour la machine Verne

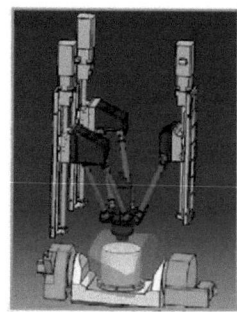

Figure 64 : Espace de travail pour un usinage 3 axes de la machine verne pour un outil de longueur 50 mm par rapport au volume actuellement utilisé

Ces résultats montrent que la taille de l'espace de travail de la machine Verne est très largement minorée par les contraintes actuellement implantées dans la baie de commande. Une modélisation de l'espace de travail en fonction de la longueur de l'outil et des variations angulaires doit permettre un gain non négligeable sur la taille des pièces pouvant être usinées. Nous pouvons aussi déterminer les éléments qui limitent le volume de l'espace de travail. Par exemple, un décalage des portes de la machine vers l'avant augmenterait l'espace de travail.

Conclusion: Ce travail est actuellement en cours et représente la contribution du CNRS dans la tâche 3.7 "simulation" du projet européen NEXT. La simulation de la machine Verne est réalisée avec la société anglaise AMTRI. Les modèles géométriques seront prochainement complétés par les modèles dynamiques pour que Fatronik puisse les intégrer dans ces machines.

6.3.7. La transmission Slide-o-Cam

Dans le cadre de nos collaborations avec le Prof. Angeles, j'ai étudié puis optimisé une transmission de mouvements, nommé Slide-o-Cam [González-Palacios 2000, González-Palacios 2003]. Cette transmission est constituée de cames tournant autour d'un axe et entraînant des galets montés sur une glissière (Figure 65). Dans ce mécanisme, le mouvement est transmis via un contact de pur roulement sans glissement. Ainsi, les frottements sont moins importants que dans les transmissions à crémaillère ou à vis à billes.

Ce travail que j'ai co-encadré avec le Prof. Angeles et Stéphane Caro a été mené grâce aux étudiants suivants : Nicolas Le Vot (2002), Jérôme Renotte (2003), Paul Lorne (2004), Lucas Chabert (2005), Emile Bouyer (2006) et Kamel Saadane (2007). Plusieurs publications ont été réalisées dont certaines avec ces étudiants [A-07-3, C-04-06, C-07-07].

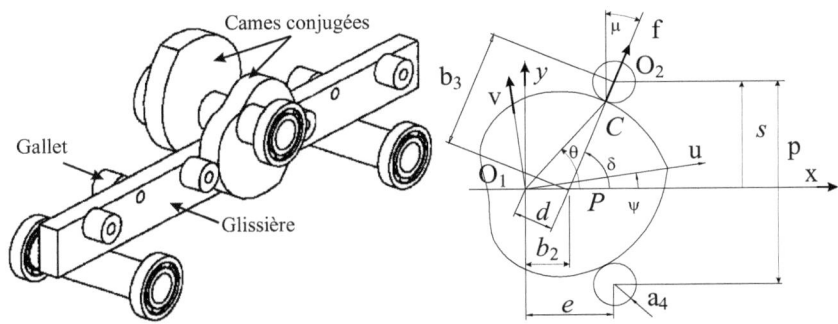

Figure 65 : Mécanisme Slide-o-Cam

La première contribution de ces travaux a été de fournir un bon paramétrage du système (came plus galet) puis de l'utiliser pour faire une conception complète [C-04-06, A-06-3]. Les premiers résultats publiés dans l'équipe de Jorge Angeles [González-Palacios 2003] se basaient sur la modélisation de Speed-o-Cam et n'étaient pas bien adaptés pour cette transmission. Nous avons généralisé la formulation pour obtenir des cames à plusieurs lobes (Figure 66).

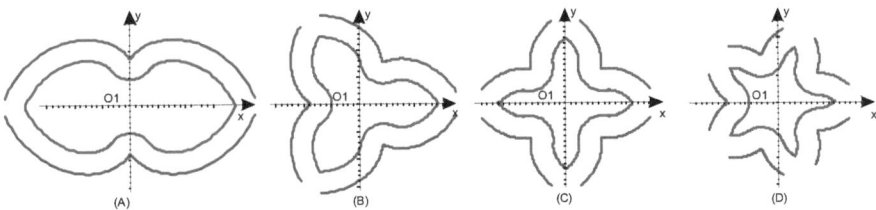

Figure 66 : Profil de la came (en rouge) et le profil caractéristique (en bleu), pour $\Delta \leq \psi \leq 2\pi/n - \Delta$, avec a=4, p=50 et e=9, pour (a) n=2; (b) n=3; (c) n=4; et (d) n=5.

Nous avons introduit des contraintes sur les dimensions des cames avec l'hypothèse que les cames doivent être convexes pour simplifier la fabrication. Nous avons utilisé, comme critères d'optimisation, le nombre de cames et le nombre de lobes et comme fonction d'optimisation l'angle de pression. Nous avons pu conclure que le système Slide-o-Cam optimal doit posséder deux cames et un seul lobe par cames **[A-06-5]**.

À partir de ces résultats, nous avons introduit plusieurs autres fonctions objectives pour prendre en compte la spécificité de la transmission de mouvement. Nous avons ajouté dans l'optimisation la minimisation des pressions de Hertz (et une contrainte maximum propre aux matériaux utilisés), la minimisation de l'encombrement du mécanisme et la minimisation de l'inertie des cames. La contraintes de convexité a été partiellement levée car, lorsque la came ne conduit pas de galets, il est possible de modifier le profile de la came.

<u>Modélisation des pressions de Hertz :</u> La théorie de Hertz cherche à décrire les déformations élastiques produites lors d'un contact ponctuel ou linéaire. Les formules de Hertz permettent d'approcher la pression maximale entre ces deux corps, moyennant quelques hypothèses qui sont

- Déformations dans le domaine élastique ;
- Matériaux isotropes ;
- Contact non collant ;
- Mise en contact quasi-statique.

Même si dans notre cas, toutes ces conditions ne sont pas satisfaites, une telle modélisation peut être réalisée pour les mécanismes à cames **[Norton 2005]**.

<u>Modélisation de l'encombrement :</u> Une approximation de l'encombrement peut être calculée en connaissant la largeur de chaque came, le nombre de cames, le pas du mécanisme et le balayage de la came lorsqu'elle réalise un tour complet. Cet indice prend aussi en compte la taille des cames et la taille des galets lorsque ces derniers dépassent de la came (Figure 67).

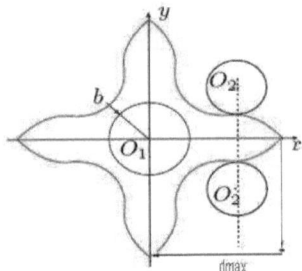

Figure 67 : Distance maximale entre le centre et le profil d'une came.

Modélisation de l'inertie : Les cames étant montées directement sur l'arbre de sortie du moteur, leur inertie doit être prise en compte si l'on souhaite produire de grandes accélérations. Ce critère a tendance à augmenter le nombre de lobes pour chaque came et à réduire le nombre de cames. Pour une came simple, son inertie est la suivante :

$$Iz = v \int_{\theta=0}^{\theta=2\pi} \int_{\rho=0}^{\rho=r(\psi)} \rho^3 d\rho\, d\theta \text{ ou } Iz = \frac{v}{4}\int (Uc^2 \quad Vc^2)(V'\textit{e}Uc - VcU'c)d\psi$$

Nous avons utilisé une approche numérique pour réaliser cette intégration sous Matlab et valider le résultat en utilisant un modeleur CAO.

Contraintes : Les contraintes prises en compte sont :

- Angle de pression inférieur à 30 degrés ;
- Pression de Hertz maximale inférieure à 800 Mpa ;
- Au maximum trois cames de 50 mm ;
- Contrainte au cisaillement dans les galets inférieur à 200 Mpa ;
- Profil de came réalisable (absence "undercutting").

Optimisation mutli-objectifs :

En prenant en compte seulement les deux premiers objectifs, nous avons obtenu pour des cames à un seul lobe des résultats montrant que les optima peuvent avoir deux ou trois cames [A-07-3]. La figure 68 présente la surface de Pareto obtenue. La discontinuité provient du saut entre deux cames et trois cames.

Nous avons aussi projeté les solutions optimales dans l'espace des variables de conception afin de comprendre et d'évaluer les solutions obtenues et représenter des exemples d'optimum (Figure 69).

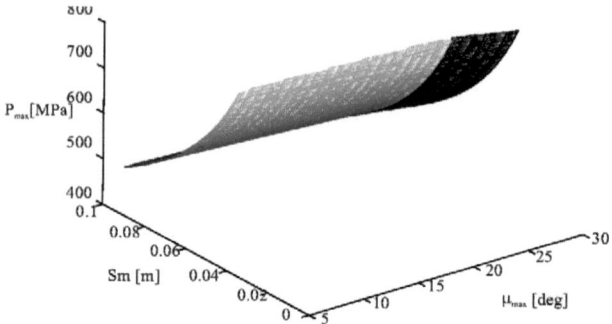

Figure 68: Surface de Pareto pour une optimisation à trois objectifs, pression de Hertz P_{max}, encombrement Sm et pression de Hertz μ_{max}

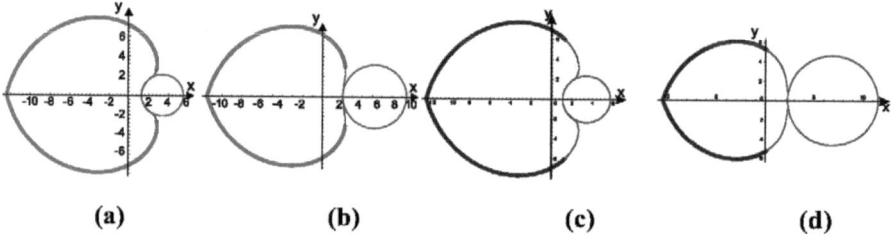

Figure 69: Exemple d'optima pour trois fonctions objectives pour (a) et (b) deux cames et (c) et (d) trois cames

C'est à partir de ces résultats que l'on introduit le nombre de lobes dans l'optimisation ainsi que l'inertie des cames. Les figures 70, 71, 72 et 73 représentent des exemples de solutions optimales au sens des pressions de Hertz et de l'angle de pression. Tous ces mécanismes vérifient toutes les contraintes. En augmentant le nombre de lobes, on diminue l'encombrement et l'inertie mais les lobes deviennent de plus en petits.

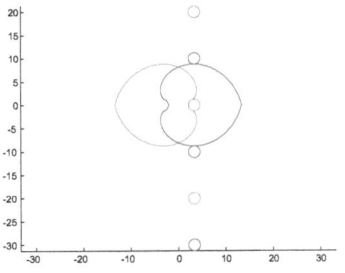 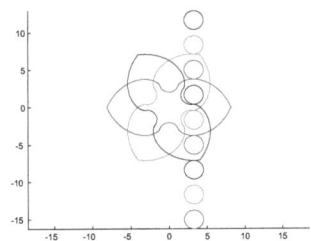

Figure 70 : Slide-o-Cam avec 1 lobe et 2 cames, p= 20mm, r_r= 1.253, e= 3.258, L= 24.52

Figure 71 : Slide-o-Cam avec 2 lobes et 3 cames, p= 20mm, r_r= 1.253, e= 3.258, L= 22.56

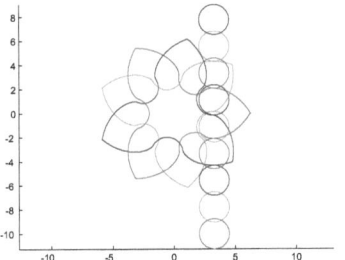 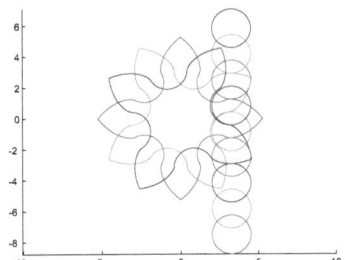

Figure 72: Slide-o-Cam avec 3 lobes et 3 cames, p= 20mm, r_r= 1.253, e= 3.258, L= 24.52

Figure 73: Slide-o-Cam avec 4 lobes et 3 cames, p= 20mm, r_r= 1.253, e= 3.258, L= 26.48

L'exploration de la frontière de Pareto nous a permis de valider l'ensemble de nos contraintes et d'en trouver d'autres. Par exemple, pour une came avec deux lobes ou plus, il est sûrement nécessaire de calculer les lobes à la flexion.

Conclusion : L'optimisation de Slide-o-Cam m'a permis de découvrir la thématique d'optimisation multi-objectifs. L'avantage de cet exemple, que l'on pourrait qualifier d'académique, est que la formulation de toutes les fonctions d'optimisation est simple et la validation des résultats est graphique. Ceci doit me servir de base lorsque nous réaliserons l'optimisation de l'Orthoglide 5 axes (objectifs de la thèse de Raza Ur-Rehman).

6.3.8. Production scientifique en conception et optimisation de mécanismes

6.3.8.1. Principales publications

A-03-1 CHABLAT D. ET WENGER P.,
" Architecture Optimization of a 3-DOF Parallel Mechanism for Machining Applications, the Orthoglide ",
IEEE Transactions On Robotics and Automation, Vol. 19/3, pp. 403-410, Juin 2003.

A-04-2 CHABLAT D., WENGER P., MAJOU F. ET MERLET J.P.,
"An Interval Analysis Based Study for the Design and the Comparison of 3-DOF Parallel Kinematic Machines",
International Journal of Robotics Research, pp. 615-624, Vol. 23(6), juin 2004.

A-04-4 WENGER PH, CHABLAT D. ET PASHKEVICH A,
"Geometric synthesis of orthoglide-type mechanisms",
Transactions of Belarusian Engineering Academy, No 1(17)/4, pp.69-72, 2004

A-05-1 PASHKEVICH A., WENGER P. ET CHABLAT D.,
" Design Strategies for the Geometric Synthesis of Orthoglide-type Mechanisms ",
Mechanism and Machine Theory, Vol. 40(8), pp. 907-930, Août 2005.

A-06-1 PASHKEVICH A, CHABLAT D. ET WENGER P.,
" Kinematics and Workspace Analysis of a Three-Axis Parallel Manipulator: the Orthoglide ",
Robotica, Vol. 24(1), pp. 39-49, Janvier 2006.

A-06-3 CHABLAT D. ET ANGELES J.,
" The Design of a Novel Prismatic Drive for a Three-DOF Parallel-Kinematics Machine ",
ASME Journal of Mechanical design, Vol. 128(4), pp. 710-718, 2006.

A-06-5 CHABLAT D. ET ANGELES J.,
"Stratégies de conception pour optimiser la transmission Slide-o-cam",
Mécanique et Industrie, Vol. 7, pp. 301-309, 2006.

A-07-2 KANAAN D., WENGER P. ET CHABLAT D.,
"Workspace Analysis of the Parallel Module of the VERNE Machine",
Problems of Mechanics, Vol. 4(25), pp. 26-42, 2006

B-06-01 F. BOYER, M. ALAMIR, D. CHABLAT, W. KHALIL, A. LEROYER ET PH. LEMOINE,
"Robot anguille sous-marin en 3D", Techniques de l'Ingénieur, S7856, 2006.

A-07-3 CHABLAT D., CARO S., ET BOUYER E.,
"The Optimization of a Novel Prismatic Drive",
Problems of Mechanics, No. 1(26), pp. 32-42, 2007

6.3.8.2. Encadrements

Thèses

F-04-01 **FELIX MAJOU,**
"Analyse cinétostatique des machines parallèles à translations", co-encadrement avec Ph. Wenger et C. Gosselin (Université Laval, Québec).

F-04-02 **MAHER BAILI,**
"Analyse et classification des robots 3R à axes orthogonaux", co-encadrement avec Ph. Wenger.

F-07-05 **MAZEN ZEIN,**
"Conception de machines parallèles", co-encadrement avec Ph. Wenger.

DEA/Masters

E-02-02 **STEPHANE CARO,**
"Les courbes d'iso-conditionnement pour la conception d'un manipulateur parallèle plan de type 3PRR",
DEA Génie Mécanique, École Centrale Nantes, co-encadrement avec P. Wenger et J. Angeles (Université McGill, Montréal).

E-04-03 **PAUL LORNE,**
"Conception optimale d'une transmission par Slide-O-Cam",
DEA Génie Mécanique, École Centrale Nantes, co-encadrement avec P. Wenger et J. Angeles (Université McGill, Montréal).

E-07-01 **KAMEL SAADANE,**
"Optimisation multi-objectives de la transmission Slide-o-cam", co-encadrement avec Stéphane Caro.

E-05-02 **DANIEL KANAAN,**
"Évaluation du volume de travail d'une machine-outil parallèle du commerce",
Master Génie Mécanique, École Centrale Nantes, co-encadrement avec Ph. Wenger et Mazen Zein

E-07-04 **NOVONA RAKOTOMANGA,**
"Conception Optimale d'un Mécanisme Parallèle plan à Structure Variable",
Master Génie Mécanique, École Centrale Nantes

6.4. Le projet Orthoglide

6.4.1. Contexte du projet

L'usinage à grande vitesse (UGV) exige des performances dynamiques de plus en plus élevées de la part des machines-outils. Ces performances peuvent être améliorées en équipant les machine-outils de moteurs plus puissants. Cependant, ces améliorations sont limitées par les masses élevées des axes des machines-outils classiques dites « sérielles » (axes en séries). Sur une machine-outil sérielle, les axes sont « empilés » les uns sur les autres. Sur la figure 74 par exemple, l'axe Y supporte l'axe X. Le moteur de l'axe Y doit donc déplacer deux corps massifs.

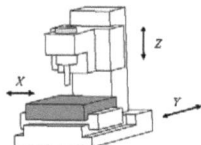

Figure 74 : Machine-outil sérielle

La première machine-outil, nommée Varia, fut construit en 1994 Gidding & Lewis. Cette machine reprenait l'architecture de type plate-forme de Gough-Stewart communément appelée « hexapode ». Depuis cette date, plusieurs laboratoires et industriels travaillent sur des prototypes de machines-outils parallèles. La plupart d'entre eux ont repris l'architecture hexapode. Dans ce cas, l'outil est relié à une base fixe au moyen de six jambes télescopiques montées en parallèle. Les masses en mouvement sont plus faibles que dans une machine-outil sérielle puisque chaque moteur ne déplace que le plateau supportant l'outil. De plus, les jambes ne subissant aucune contrainte de flexion, leur structure peut être allégée. En revanche, les limites des architectures hexapodes, comme dans la plupart des architectures parallèles, sont un volume de travail restreint et complexe. Les équations qui relient les déplacements de l'outil à ceux des moteurs sont non linéaires ce qui engendre des variations importantes des performances au sein du volume de travail.

Une alternative à l'architecture hexapode a été présentée par l'ETH Zürich avec l'hexaglide. Cette architecture se caractérise par des jambes de longueur fixe qui glissent sur des rails. L'avantage de cette architecture réside dans le fait que les moteurs sont fixes, ce qui diminue les inerties et permet l'emploi de moteurs linéaires. De plus, la dissipation thermique des moteurs est facilitée.

Plusieurs machines outils à 3 degrés de liberté en translation ont été proposées, comme le Triaglide (Mikron), le Linapod (ISW Uni Stuttgart), le Quickstep (Krause

& Mauser) et l'Urane SX (Renault-Automation). Ces machines reprennent en fait une architecture déjà proposée en robotique avec par exemple le « Delta linéaire » **[Clavel 1988]** et le « Y-Star » **[Hervé 1992]** permettant de maintenir une orientation fixe de l'outil. Les machines hexaglide et triaglide ont pour avantage supplémentaire d'offrir un volume de travail présentant une dimension ajustable à la demande (il suffit d'augmenter la longueur des liaisons glissières pour augmenter d'autant la longueur du volume de travail). Cependant, les performances restent non homogènes dans le volume de travail.

Plus récemment, quatre équipes de recherche ont produit une famille de mécanismes à trois degrés de liberté, isotropes dans tout l'espace de travail **[Carricato2002, Kong 2002, Kim 2002, Gogu 2004]**. Bien que ces mécanismes possèdent le même comportement qu'une machine outil trois degrés de liberté conventionnelle, ses jambes sont soumises à la flexion et doivent donc être dimensionnées en conséquence, ce qui alourdit la structure et donc diminue les performances dynamiques. Pour finir, il existe d'autres structures de machines, comme par exemple des versions hybrides parallèle-sérielles à l'image de la machine 5 axes Tricept 805 du suédois Neos-Robotics. Pour une vision plus complète des machines parallèles existantes, le lecteur pourra se reporter au site internet **[ParalleMIC 2007]** qui est particulièrement bien documenté sur ce sujet.

C'est dans ce contexte que le projet Orthoglide est né à l'IRCCyN. Je vais maintenant présenter les résultats relatifs à ce projet. Je vais présenter la version à trois degrés de liberté puis la version à cinq degrés de liberté qui est en cours de développement.

6.4.2. Conception de l'Orthoglide 3 axes

La conception de l'Orthoglide 3 axes a fait partie des projets ROBEA MAX (2002-2003) et MPP (2004-2005). Ainsi de nombreuses personnes ont contribué à ce projet à Nantes, P. Wenger, W. Khalil, F. Bennis, S. Caro, S. Guegan et F. Majou et dans d'autres laboratoires, A. Pashkevich (University of Informatics and Radioelectronics, Biélorussie), J-P Merlet (INRIA Sophia-Antipolis), J. Angeles (McGill University, Canada) et C. Gosselin (Université Laval, Canada), **[F-04-01]**). Pour la construction du prototype, j'ai travaillé avec les services techniques de l'IRCCyN (S. Bellavoir, G. Branchu, P. Lemoine et P. Molina).

6.4.2.1. Cahier des charges

Le cahier des charges qui a guidé l'élaboration de l'orthoglide est le suivant. L'objectif était la conception d'une machine 3 axes rapide d'architecture parallèle, extensible à 5 axes, ne présentant pas les inconvénients inhérents aux mécanismes

parallèles. Les critères principaux de conception qui ont été retenus sont les suivants :
- actionneurs fixes de type glissières (diminution des inerties, possibilité d'utiliser des moteurs linéaires, meilleure dissipation thermique),
- volume de travail de forme régulière proche d'un cube,
- homogénéité des performances dans tout le volume de travail et dans toutes les directions,
- symétrie de construction (diminution des coûts),
- articulations simples (pas de cardan ni de rotule),
- pas de flexion dans les jambes.

6.4.2.2. Choix de l'architecture

Depuis une vingtaine d'année, de nombreuses études ont été entreprises sur la conception des mécanismes parallèles. Hervé a proposé dans **[Hervé 1991, Leguay-Durand 1998]** un outil pour la synthèse des robots parallèles basés sur la théorie mathématique des groupes de Lie. Dans **[Hervé 1992]**, cet outil a été appliqué à la conception d'un mécanisme parallèle à trois degrés de liberté en translation, appelé Y-STAR (Figure 75).

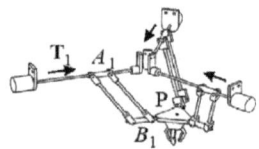

Figure 75 : Mécanisme Y-Star

Récemment, Kong a proposé la génération de mécanismes parallèles de translation basés sur la théorie des vis **[Kong 2002]** et Karouia a fait de même pour les mécanismes sphériques **[Karouia 2000]**. Le robot Y-Star, avec les actionneurs hélicoïdaux remplacés par les actionneurs prismatiques suivis par des pivots passifs est un choix commode répondant à ces contraintes. Nous l'avons choisi comme mécanisme de base du projet d'Orthoglide. La synthèse structurale est maintenant réalisée et nous allons maintenant optimiser le placement des jambes pour répondre à des contraintes d'isotropies.

6.4.2.3. Optimisation de l'architecture des jambes

<u>Conditionnement et manipulabilité</u>

Lorsque nous comparons les mécanismes sériels et parallèles, nous constatons que pour une architecture sérielle de machine outil de type PPP, les facteurs de transmission de vitesse et de force sont constants dans tout l'espace de travail alors que pour un mécanisme parallèle, ces rapports peuvent changer de manière significative dans l'espace de travail parce que le déplacement de l'outil n'est pas linéairement lié au déplacement des actionneurs prismatiques.

En effet, il existe des zones de l'espace de travail dans lesquelles les vitesses et les forces maximales mesurées à l'outil peuvent différer de manière significative des vitesses et des forces maximales que les actionneurs peuvent produire. Ces problèmes se produisent plus particulièrement à proximité des singularités où les efforts dans les jambes peuvent tendre vers l'infini.

Pour évaluer la capacité d'un mécanisme parallèle à transmettre les forces ou les vitesses des actionneurs vers l'outil, deux indices de performances complémentaires peuvent être employés : le conditionnement de la matrice jacobienne inverse ainsi que les ellipsoïdes de manipulabilité **[Yoshikawa 1985]**.

Le conditionnement d'une matrice est défini comme étant le rapport entre sa plus grande et sa plus petite valeur propre. Son domaine de variation est entre 1 et plus l'infini. Lorsqu'un mécanisme est en configuration singulière, le conditionnement tend vers l'infini. En configuration isotrope, il est égal à un. Dans cette configuration, la vitesse et la rigidité statique de l'outil sont égales dans toutes les directions. Dans ce cas, le conditionnement mesure l'uniformité de la distribution des vitesses et des efforts autour d'une configuration de l'outil mais ne permet pas de mesurer l'importance des facteurs d'amplification ou d'effort de vitesse.

Une ellipsoïde de manipulabilité est définie par les vecteurs propres de $(JJ^T)^{-1}$ et les longueurs de ses axes principaux sont les racines carrées de ses valeurs propres que l'on nomme aussi facteurs d'amplification de vitesse (ou de force) **[Angeles 2007]**. Pour la conception de l'Orthoglide, les facteurs d'amplification de vitesse sont bornés entre 0.5 et 2.

Définition de la configuration isotrope

Pour concevoir une machine outil en translation avec un comportement cinématique proche de celui d'une machine-outil classique, nous imposons les conditions suivantes :
- Il existe une configuration isotrope dans l'espace de travail ;
- La valeur des facteurs d'amplification de vitesse est égale à un dans cette configuration.

En écrivant la relation entre les vitesses articulaires $\dot{\rho}$ et la vitesse du point P, notée $\dot{p}$, on obtient avec

$$A\dot{p} = B\dot{\rho}$$

$$A = \begin{bmatrix} (b_1 - a)^T \\ (b_2 - a_2)^T \\ (b_3 - a_3)^T \end{bmatrix} \quad B = \begin{bmatrix} (b_1-a_1)^T T_1 & 0 & 0 \\ 0 & (b_2-a_2)^T T_2 & 0 \\ 0 & 0 & (b_3-a_3)^T T_3 \end{bmatrix}$$

Pour obtenir $J = B^{-1}A$ 1, nous obtenons deux conditions géométriques sur la position des jambes **[C-00-02]** :

- La première contrainte implique que les vecteurs W_i soient orthogonaux entre eux ;
- La seconde contrainte implique que, pour chaque jambe, les vecteurs T_i et W_i doivent être colinéaires.

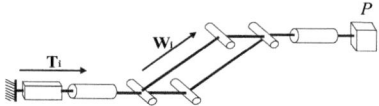

Figure 76: Une jambe du Y-Star

Puisque, dans la configuration isotrope, les vecteurs W_i sont orthogonaux, ceci implique que les vecteurs de T_i sont orthogonaux, c'est-à-dire que les articulations prismatiques motorisées sont orthogonales.

Définition de l'architecture des jambes

Le nouvel arrangement géométrique des jambes mène à une singularité du parallélogramme (Figure 77) qui devient un anti-parallélogramme **[Visher 2000, C-02-03]** : une rotation passive apparaît autour d'un axe orthogonal au plan du parallélogramme. Une solution à ce problème est de changer l'architecture des jambes en réarrangeant les pivots, tout en gardant le même degré de liberté. Une seconde architecture de jambes est proposée dans la figure 78.

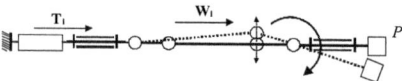 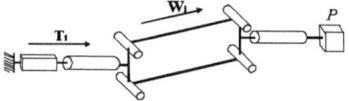

Figure 77 : Singularité du parallélogramme en configuration isotrope

Figure 78 : Seconde architecture de jambe

Dans ce cas, la singularité du parallélogramme dans la configuration isotrope est évitée mais un autre problème surgit : une singularité spéciale de la jambe. Il y a une rotation passive autour du vecteur T_i. Il s'avère que cette singularité particulière n'est pas détectée par la méthode décrite dans **[Gosselin 1990a]**. Aussi, **[Zlatanov 2001]** propose une méthode pour la caractériser et nomme ce type de singularité (RPM, IO, II). RPM signifie qu'un mouvement passif superflu est possible. Ce mouvement est la rotation du parallélogramme autour de l'axe de T_i (Figure 79). IO et II signifie que dans cette configuration, nous avons simultanément, une vitesse de sortie nulle (outil, $\dot{p} = 0$) et une vitesse d'entrée nulle (actionneurs, $\dot{\rho} = 0$).

Dans la configuration isotrope, chaque jambe peut passivement transmettre une force dont l'axe est orthogonal au plan du parallélogramme ce qui signifie qu'aucune translation du point *P* le long de cet axe n'est possible (Figure 79, IO et II). En outre, pour avoir un mécanisme à trois degrés de liberté en translation pure (l'outil ne peut pas tourner), les parallélogrammes doivent être orthogonaux l'un à l'autre dans la configuration isotrope. Ainsi, le mécanisme se bloque dans cette configuration parce qu'aucune translation ni rotation de l'outil n'est possible. La dernière version des jambes de l'Orthoglide (Figure 80) évite tous les problèmes précédents mentionnés dans la configuration isotrope et ailleurs : aucune singularité de parallélogramme, et aucune singularité de jambe.

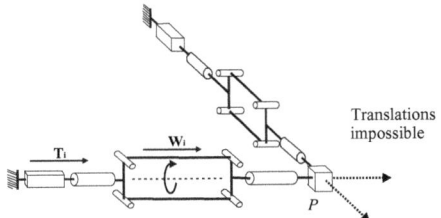

Figure 79 : Configuration singulière des jambes dans la configuration isotrope

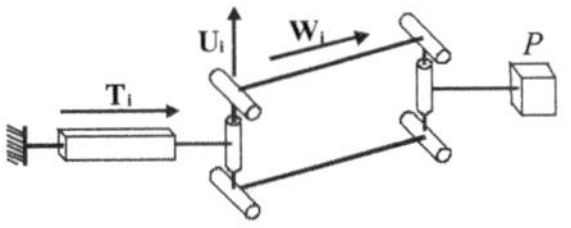

Figure 80 : Architecture définitive des jambes

6.4.2.4. Optimisation des longueurs des jambes en fonction d'un espace de travail prescrit

L'espace de travail d'une machine outil conventionnelle 3 axes est généralement donné en fonction de la taille d'un parallélépipède rectangle. Dans le cas de l'Orthoglide, son espace de travail est relativement régulier. C'est l'intersection de trois cylindres dans lequel il est possible d'inscrire un cube dont les côtés sont parallèles aux plans *xy*, *xz* et *yz* respectivement. En raison de la symétrie de l'architecture, l'espace de travail prescrit de l'Orthoglide sera un cube. Le but de cette section est de définir la position des points bas A_i, des longueurs des jambes $L = A_i B_i$ et des variations articulaires $\Lambda\rho$ qui vérifient les contraintes d'amplification de vitesse et en fonction de la taille donnée de l'espace de travail.

Ceci revient à calculer un espace de travail dextre régulier dont la forme est un cube et dont l'indice de performance choisi est le facteur d'amplification de vitesse. Un résultat similaire a été obtenu en utilisant les méthodes d'analyse par intervalles **[A-04-2]**.

Notre optimisation se décompose en trois étapes:

- Trouver la position des points Q_1 et Q_2 placés sur la diagonale $x = y = z$ définissant deux sommets de l'espace de travail prescrit et vérifiant les contraintes sur les facteurs d'amplification de vitesse. Ces points sont associés aux postures de l'Orthoglide les plus proches des configurations singulières **[C-02-06]** (Figure 81 et Figure 82).

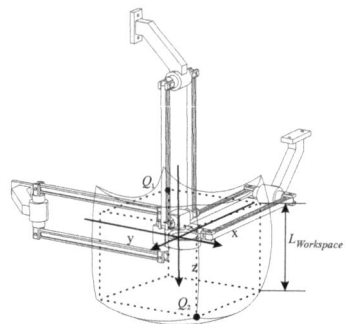

Figure 81 : Position de l'espace de travail prescrit

- Définir la longueur des jambes L à partir des points Q_1 et Q_2 en fonction des dimensions de l'espace de travail prescrit. En étudiant les facteurs d'amplification de vitesse (f_1 et f_2) le long de l'axe $x = y = z$, il est possible d'exprimer la longueur des jambes en fonction des dimensions du cube prescrit (Figure 83) **[A-03-1]**. Pour les facteurs d'amplification de vitesse choisis et pour un espace de travail cubique de 200 mm de côtés, on obtient des longueurs de jambes de 310.6 mm.

- Définir les limites articulaires des articulations prismatiques telles que l'espace de travail prescrit soit complètement inclus dans l'espace de travail de l'Orthoglide (Figure 84). Pour obtenir la première limite articulaire, nous utilisons le point Q_2 alors que pour la seconde limite articulaire, c'est le point Q_1 car nous devons tenir compte de la forme sphérique rentrante de l'espace de travail. Pour le prototype de l'Orthoglide, nous avons utilisé des vis à billes dont le déplacement entre butées électriques est de 250 mm avec 10 mm de chaque côté avant la butée mécanique.

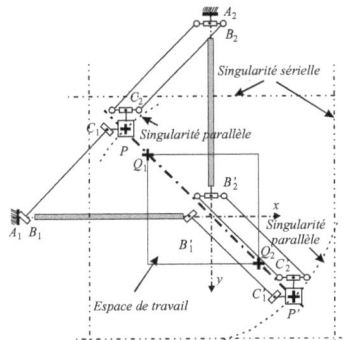 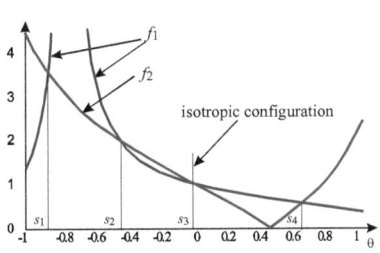

Figure 82 : Position des postures « critiques » dans l'espace de travail de l'Orthoglide

Figure 83 : Évolution des facteurs d'amplification de vitesse le long de l'axe $x = y = z$

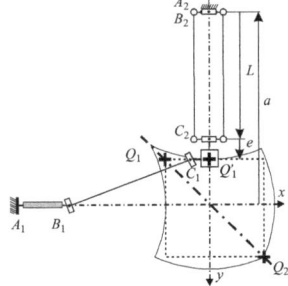

Figure 84 : Définition des limites articulaires.

La publication associée à ce travail **[A-03-1]** est à ce jour la plus citée (22 fois dans ISI Web of Science et 55 fois dans Google Scholar, en mars 2008).

6.4.2.5. Définition des limites de l'espace de travail à l'aide des points critiques

Dans **[A-03-1]**, on fait l'hypothèse de la régularité des variations des performances cinétostatiques dans l'espace de travail. Ainsi, seulement deux points critiques sont utilisés pour localiser l'espace de travail dextre régulier. Avec cette approche, il n'est pas possible de connaître les valeurs maxima des facteurs d'amplification de vitesse dans tout l'espace de travail. En effet, seuls les propriétés de l'espace dextre sont connues.

En utilisant les mêmes hypothèses de variation des performances cinétostatiques, nous avons introduit une méthode qui utilise 14 points critiques (Figure 85). On retrouve les points Q^- et Q^+ du premier modèle ainsi que les points S_x^+, S_x^-, S_y^+, S_y^-, S_z^+,

Le projet Orthoglide

S_z^- comme étant les centres des faces et les points R_x^+, R_x^-, R_y^+, R_y^- R_z^+, R_z^- comme étant les centres des arêtes de l'espace de travail.

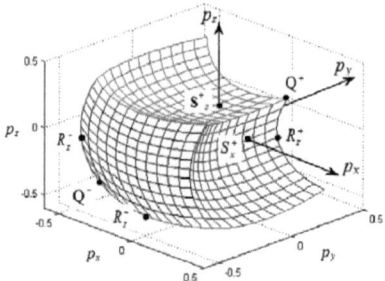

Figure 85 : Espace de travail de l'Orthoglide et localisation des points critiques.

Nous avons déterminé trois stratégies de conception pour la définition des butées articulaires en fonction d'un indice de performance donné (dans notre exemple, les facteurs d'amplification de vitesse). Le tableau 3 présente ces trois stratégies. La première stratégie a été utilisée pour la réalisation du prototype de l'Orthoglide construit à l'IRCCyN. Dans ce cas, nous pouvons avoir en dehors de l'espace de travail dextre, une configuration singulière. Ce comportement est vérifié par le prototype. De plus, à cause des flexibilités et des jeux, l'influence de cette singularité se fait clairement sentir à la frontière de l'espace de travail.

La seconde stratégie est plus pessimiste car elle aboutit à de plus grandes contraintes sur les variations articulaires. Dans ce cas, il est impossible d'avoir une singularité dans tout l'espace de travail.

La troisième stratégie est encore plus pessimiste car dans ce cas, tout l'espace de travail vérifie les contraintes sur l'indice de performance. Ce qui est équivalent à dire que l'espace de travail est dextre.

Pour la seconde et la troisième stratégie de conception, nous avons collaboré avec Anatol Pashkevich lors de ces séjours comme professeur invité à l'École Centrale de Nantes. Dans ce travail, nous avons intégré les différentes contraintes que nous connaissions sur l'utilisation des machines outils. Lors de la mise en route d'une machine, la position de l'outil est inconnue et aucune sécurité logicielle ou mécanique existe pour empêcher son déplacement vers une configuration singulière parallèle.

Stratégies de conception	Remarques
Stratégies de conception #1 (i) Calculer les points Q^+, Q^- pour obtenir les facteurs d'amplification de vitesse souhaité le long du segment Q^+Q^-. (ii) Localiser les sommets du cube aux points Q^+, Q^- pour définir l'espace de travail dextre W_p. (iii) Ajuster les limites articulaires pour inclure l'espace de travail dextre.	$\rho_{min} = \rho_{Q^-}$; $\rho_{max} = 1 + \rho_{Q^-}$; $p_{min} = p_{Q^-}$; $p_{max} = p_{Q^+}$; Dans le cube, les contraintes de conception sont satisfaites mais, en dehors, ces contraintes ne sont pas valides et des singularités peuvent exister
Stratégies de conception #2 (i) Calculer les points Q^+, Q^- pour obtenir les facteurs d'amplification de vitesse souhaité le long du segment Q^+Q^-. (ii) Inscrire le plus grand cube dans l'espace de travail W_p pour définir l'espace de travail dextre régulier W_p.	$\rho_{min} = \rho_{Q^-}$; $\rho_{max} = \rho_{Q^+}$; $p_{min} = p_{Q^-}$; $p_{max} = p_{Q^+} - 1$; L'espace de travail est sans singularité et, en dehors, les contraintes de conception ne sont pas valides
Stratégies de conception #3 (i) Calculer les points Q^+, Q^- permettant que tous l'espace de travail W_p vérifie les contraintes sur les facteurs d'amplification de vitesse (utilisation de tous les points critiques). (ii) Placer le plus grand cube dans l'espace de travail W_p pour définir l'espace de travail régulier dextre W_p.	$\rho_{min} = \rho_{Q^-}$; $\rho_{max} = \rho_{Q^+}$; $p_{min} = p_{Q^-}$; $p_{max} = p_{Q^+} - 1$; L'espace de travail obtenu par les variations des actionneurs ρ- et p- est sans singularité et répond aux contraintes de conception

Tableau 3 : Stratégies de conception de l'Orthoglide en fonction de points critiques

Le tableau 4 présente une comparaison sur l'utilisation de ces trois indices pour un espace de travail cubique unitaire. C'est pour la troisième stratégie de conception qu'on a les longueurs de jambe les plus grandes et pour la deuxième stratégie de conception qu'on a les actionneurs les plus longs. Le mécanisme le plus compact est obtenu avec la première stratégie de conception mais une singularité est présente dans l'espace de travail.

Stratégie de conception	L	ρ_{min}	ρ_{max}	$\Delta\rho$	$c/\Delta\rho$	$\mu(W_p)$	$\mu(W_\rho)$
#1	1.553	0.634	1.919	1.285	0.7782	0.500 … 2.000	singularité
#2	1.704	0.696	2.009	1.313	0.7618	0.500 … 2.000	0.500 … 2.158
#3	1.764	0.789	2.079	1.290	0.7752	0.518 … 1.869	0.518 … 2.000

Tableau 4 : Paramètres et performance de l'Orthoglide pour un espace de travail régulier dextre $W_p = 1 \times 1 \times 1$ et des facteurs d'amplification de vitesse compris dans l'intervalle $[0.5, 2.0]$

6.4.2.6. Prise en compte de la déformation des membrures

Dans le contexte de la thèse de Félix Majou, nous avons collaboré avec Clément Gosselin pour écrire un modèle de rigidité de l'Orthoglide. Trois modèles existent qui permettent de prendre en compte la complaisance d'une PKM afin d'analyser son comportement flexible : (1) modélisation par éléments finis, (2) modélisation avec membrures rigides et (3) modélisation rigide avec flexibilités localisées.

La modélisation par éléments finis est la méthode la plus exact et la plus fiable, étant donné que les liaisons sont modélisées avec leurs formes et leurs dimensions exactes **[Piras 2005]**. Sa précision est limitée seulement par la discrétisation. Toutefois, en raison des coûts de calcul élevés nécessaires pour le maillage, cette méthode est généralement appliquée lors de la dernière phase de conception pour la vérification et le dimensionnement des composants. Par exemple, dans **[Bouzgarrou 2004]**, une modélisation par éléments finis a été utilisée pour évaluer la rigidité statique et les fréquences propres du robot parallèle T3R1. Cette méthode a aussi été largement utilisée pour la validation d'autres techniques d'analyse de la rigidité **[El-Khasawneh 1999, Long 2003; Corradini 2004]** et pour des études comparatives **[Rizk 2006]**.

La modélisation avec membrures rigides est une technique couramment utilisée en mécanique **[Ghali 2003]**. Elle reprend les principales idées des modélisations par éléments finis, mais n'utilise que des éléments simples comme des poutres, des arcs, des câbles. Ceci contribue à la réduction des coûts de calcul et, dans certains cas, permet même d'obtenir une analyse matricielle de rigidité. Pour les mécanismes parallèles, le modèle de rigidité est une combinaison de poutres flexibles et de nœuds, où chaque poutre est définie par deux nœuds dont la raideur est définie par une matrice 12×12 (formulation de Euler-Bernoulli). Ensuite, ces matrices sont assemblées en utilisant le principe de superposition et de la géométrie du mécanisme, pour produire la matrice de rigidité associée au mécanisme. L'une des premières applications de cette méthode pour les robots parallèles est l'analyse de rigidité d'une plate-forme Stewart [**Clinton 1997**], qui a été réalisée sous l'hypothèse que les liens ne sont pas soumis à la flexion. Dernièrement, cette méthode a été utilisée sur le robot Delta de Rennes [**Deblaise 2006**]. Cette méthode est un bon compromis entre exactitude de résultats et temps de calcul, à condition que la modélisation en éléments simples reste réaliste. Cependant, à cause de la dimension élevée des matrices d'assemblage, il est difficile de réaliser une analyse paramétrique de la rigidité.

Enfin, la modélisation rigide avec flexibilités localisées est basée sur l'expansion du modèle traditionnel rigide en ajoutant les articulations virtuelles (ressorts localisés), qui décrivent les déformations élastiques des composants du mécanisme (membrures, articulations et actionneurs). Cette approche provient des travaux de Gosselin [**Gosselin 1990b**], qui a évalué la rigidité des mécanismes parallèles, en tenant compte uniquement des actionneurs et qui les a modélisés comme des ressorts linéaires unidimensionnels (les membrures étaient supposées rigides, et les articulations passives parfaites). Ces hypothèses ont permis de réduire l'analyse de la rigidité d'un mécanisme à l'analyse de sa matrice jacobienne. Une évolution de ce modèle, tenant compte des flexibilités dans les membrures a été présentée dans [**Gosselin 2002**] en utilisant des corps rigides et des flexibilités par des ressorts en torsion ou en flexion. Il existe un certain nombre de variantes et des simplifications pour cette méthode. En particulier, elle a été appliquée au CaPaMan, à l'Orthoglide, au H4 et à des variantes de la plate-forme Gough-Stewart [**Ceccarelli 2002, Company 2002, Arumugam 2004, A-07-1**]. Généralement, cette modélisation fournit une précision suffisante et des temps de calcul court. On peut donc l'utiliser en phase de conception préliminaire, en particulier pour les analyses paramétriques. Cependant, nous verrons que des hypothèses de simplification qui ne prennent pas en compte le couplage entre la translation et de rotation peuvent aboutir à d'importantes erreurs. De plus, il existe également d'autres restrictions, qui limitent ses applications à l'absence de mécanismes hyperstatiques.

Dans ce mémoire, je vais présenter deux méthodes. Dans la première, nous avons utilisé la méthode introduite dans [**Gosselin 2002**] afin d'obtenir une analyse de la rigidité de l'Orthoglide en fonction des paramètres géométriques. Puis, nous avons utilisé une approche qui mixe les avantages d'une analyse par éléments finis avec celle des flexibilités localisées.

Étude de la complaisance en fonction des paramètres

Le modèle de complaisance de l'Orthoglide écrit par Félix Majou comprend 11 flexibilités localisées et utilise la version isostatique **[A-07-1]**. Dans ce cas, une articulation pivot est ajoutée à chaque jambe afin d'obtenir un modèle isostatique (Figure 86). Les membrures de l'Orthoglide sont assimilées à des poutres et leurs raideurs sont définies dans le tableau 5 et la figure 87. Ainsi, nous pouvons écrire la matrice de complaisance en fonction des paramètres géométriques de l'Orthoglide. Malheureusement, cette matrice n'est pas facilement inversible avec Maple.

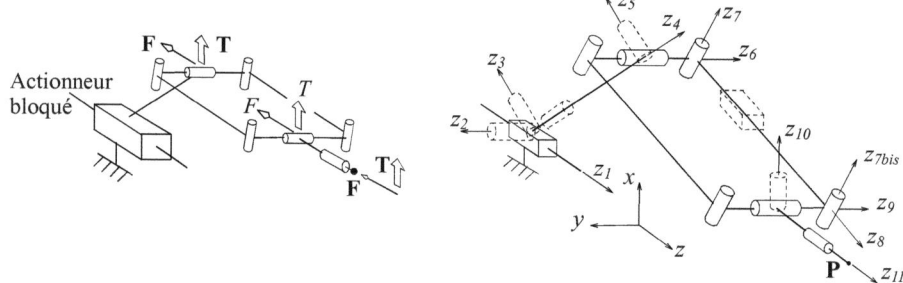

Figure 86 : Modélisation d'une jambe de l'Orthoglide iso-statique

Figure 87 : Placement des flexibilités localisées

Numéro	Propriété	Raideur	Figure
θ_0	Raideur de l'actionneur	$k_0 = k_{act}$	
θ_1	Flexibilité du pied due à la force F	$k_1 = 3EI_{f_1}/L_f$	
θ_2	Flexibilité du pied due au couple T	$k_2 = 2EI_{f_2}/L_f$	
θ_3	Flexibilité du pied due au couple T	$k_3 = GI_{f_0}/L_f$	
θ_4	Rotation du pied pour un couple T	$k_4 = EI_{f_2}/L_f$	
θ_5	Flexion en traction/compression des barres du parallélogramme due à la force F	$k_5 = 2ES_b/L_b$	
θ_6	Flexion en tension différentielle des barres du parallélogramme due au couple T	$k_6 = ES_b d^2 \cos^2(q_2)/2L_b$	

Tableau 5 : Modélisation des raideurs des liaisons élastiques virtuelles

À l'isotropie, la matrice de complaisance est diagonale. L'étude de ces termes nous donne des informations qualitatives et quantitatives en fonction des paramètres.

$$\mathbf{K} = \begin{bmatrix} K_A & 0 & 0 & 0 & 0 & 0 \\ 0 & K_A & 0 & 0 & 0 & 0 \\ 0 & 0 & K_A & 0 & 0 & 0 \\ 0 & 0 & 0 & K_B & 0 & 0 \\ 0 & 0 & 0 & 0 & K_B & 0 \\ 0 & 0 & 0 & 0 & 0 & K_B \end{bmatrix} \text{ avec } \begin{array}{l} K_A = \dfrac{E}{\dfrac{2L_B}{S_B d^2} + \dfrac{2L_P\left(78b_f^2 + \cos^2\lambda\left(45h_f^2 - 33b_f^2\right)\right)}{5h_f b_f^3 \left(b_f^2 + h_f^2\right)}} \\[2ex] K_B = \dfrac{1}{\dfrac{1}{k_{act}} + \dfrac{L_B}{2S_B E} + \dfrac{4L_f^3 \sin^2\lambda}{Eh_f^3 b_f}} \end{array}$$

L'intérêt de l'analyse de K_A et K_B sous forme symbolique est la possibilité de mettre en évidence et d'évaluer des solutions alternatives lors de la préconception (Figure 88).

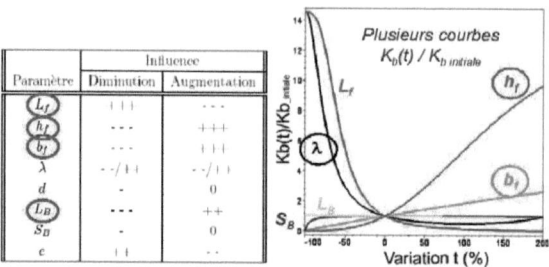

Figure 88 : Variation de K_g en fonction des paramètres géométriques

Il est aussi possible de connaître l'influence des variations de ces paramètres pour la complaisance pour plusieurs postures. Dans notre cas, nous étudions la complaisance de l'Orthoglide en fonction des points critiques définis dans [A-03-1]. Dans le tableau 6, nous présentons l'influence des variations des paramètres de conception des jambes à partir des résultats présentés par Félix Majou [F-04-01]. Ainsi, il n'est pas possible de se prononcer sur l'influence de l'angle λ car selon la posture, sa variation augmente ou diminue la complaisance de l'Orthoglide. Nous pouvons aussi faire varier simultanément deux paramètres. Par exemple, on peut compenser une augmentation de L_f, pour augmenter W par exemple, en limitant le gain de masse en diminuant b_f.

Le projet Orthoglide

Paramètres	Influence	
	Diminution	Augmentation
L_f	+++	---
h_f	---	+++
b_f	---	+++
λ	--/++	--/++
d	-	0
L_g	---	++
S_g	-	0
e	++	--

Tableau 6: Tableau de synthèse sur l'influence des paramètres sur la rigidité
(0 aucune influence par rapport aux autres paramètres ;
+/- influence faible sur l'augmentation/diminution de la rigidité ;
++/-- influence moyenne sur l'augmentation/diminution de la rigidité ;
+++/--- influence importante sur l'augmentation/diminution de la rigidité).

Une autre application de ces travaux est d'utiliser ces calculs en préconception afin de faire émerger des solutions alternatives. Par exemple, si l'on choisit $\lambda=0$ (à la place de 45 degrés), alors κ_g est multiplié par 14, mais un porte-à-faux très grand est nécessaire pour éviter les collisions entre la jambe et le bâti (Figure 89a).

Si l'on choisit $\lambda=90$ degrés, alors κ_A est multiplié par 1.5 mais κ_g est divisé par 2. Cependant, on peut remédier à ce problème en utilisant un double pied ainsi qu'un double actionneur (Figure 89b).

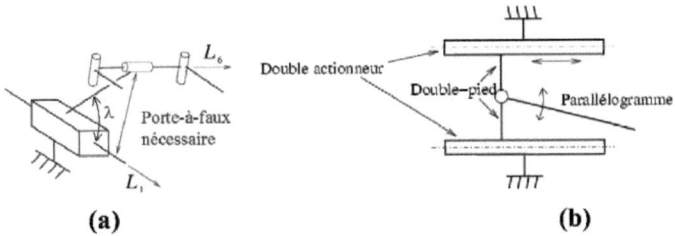

(a) (b)

Figure 89: Émergence de solution alternative à partir de la variation des paramètres de conception

Conclusion: Nous avons développé un modèle de rigidité utilisant des flexibilités localisées. Ce modèle, bien que lourd à manipuler, est écrit de manière symbolique. Ainsi, il est possible d'évaluer l'impact de la modification des paramètres géométriques sur le comportement de l'Orthoglide. Cependant, ce modèle souffre de deux problèmes. Le premier est l'utilisation d'une version isostatique ce qui minore la rigidité réelle. Le second problème vient de l'approximation de la structure par des poutres.

Étude de la complaisance avec modèle mixte

La modélisation réalisée par Félix Majou suppose une bonne connaissance du comportement mécanique de l'Orthoglide. La position et la caractérisation des flexibilités localisées sont difficilement généralisables à d'autres architectures de mécanismes.

Avec Anatol Pashkevich, nous avons développé une nouvelle méthode de modélisation de la rigidité qui combine les avantages des méthodes classiques **[C-08-01]**. Elle est fondé sur un modèle rigide avec des flexibilités localisées dans lequel la caractérisation des flexibilités est réalisée grâce à une modélisation par éléments finis (Figure 90). Nous avons défini une nouvelle méthode pour écrire les équations de couplage des chaînes cinématiques, qui permet de calculer la matrice de rigidité pour les architectures hyperstatique ainsi que pour les postures singulières.

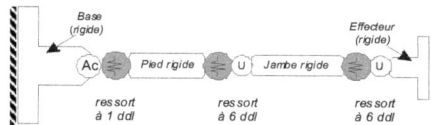

Figure 90 : Modèle flexible d'une jambe de l'Orthoglide

L'écriture pour chaque jambe des équations cinématiques revient alors à calculer les déplacements des articulations passives ainsi que les déplacements des articulations virtuelles :

$$\delta t_i = J_\theta^i \; \theta_i \delta \; J_q^i \; q_i \delta \quad i \quad 1,...,n$$

avec

- $\delta t_i = (\delta p_{xi}, \delta p_{yi}, \delta p_{zi}, \delta \varphi_{xi}, \delta \varphi_{yi}, \delta \varphi_{zi})^T$: ensemble des déplacements en translation et en rotation ;
- $\delta \theta_i = (\delta \theta_0^i, .. \delta \theta_{18}^i)^T$: déplacement des articulations virtuelles ;
- $\delta q_i = (\delta q_1^i, .. \delta q_4^i)^T$: déplacement des articulations passives.

Le projet Orthoglide

En appliquant le principe des travaux virtuels, nous pouvons écrire les équations d'équilibre du système en faisant l'hypothèse que les articulations virtuelles sont parfaites (sans frottement et sans jeux).

$$\begin{bmatrix} \mathbf{J}_\theta^i \mathbf{K}_\theta^{-1} \mathbf{J}_\theta^{iT} & \mathbf{J}_q^i \\ \mathbf{J}_q^{iT} & 0 \end{bmatrix} \cdot \begin{bmatrix} \mathbf{f}_i \\ \delta\mathbf{q}_i \end{bmatrix} = \begin{bmatrix} \delta\mathbf{t}_i \\ 0 \end{bmatrix} \text{ ou } \mathbf{f}_i = \mathbf{K}_i \ \mathbf{t}_i$$

où $\mathbf{J}_\theta^i$, $\mathbf{J}_q^i$ sont les matrices jacobiennes de dimensions 6x19 et 6x4 respectivement. L'assemblage des matrices de rigidité de chaque jambe permet d'écrire la matrice de rigidité du mécanisme complet.

Avec cette modélisation, nous avons pu montrer que la rigidité de l'Orthoglide est meilleure que celle d'un mécanisme 3PUU ce qui justifie les choix de conception de l'Orthoglide. Ainsi, la rigidité en rotation est 10 fois plus grande pour l'Orthoglide que pour le mécanisme 3-PUU (Tableau 7).

Type de mécanisme	Point Q_0 $x,y,z = 0.00$ mm		Point Q_1 $x,y,z = -73.65$ mm		Point Q_2 $x,y,z = +126.35$ mm	
	k_{tran} [mm/N]	k_{rot} [rad/N·mm]	k_{tran} [mm/N]	k_{rot} [rad/N·mm]	k_{tran} [mm/N]	k_{rot} [rad/N·mm]
Mécanisme 3-PUU	$2.78 \cdot 10^{-4}$	$20.9 \cdot 10^{-7}$	$10.9 \cdot 10^{-4}$	$24.1 \cdot 10^{-7}$	$71.3 \cdot 10^{-4}$	$25.8 \cdot 10^{-7}$
Orthoglide	$2.78 \cdot 10^{-4}$	$1.94 \cdot 10^{-7}$	$9.86 \cdot 10^{-4}$	$2.06 \cdot 10^{-7}$	$21.2 \cdot 10^{-4}$	$2.65 \cdot 10^{-7}$

Tableau 7 : Comparaison de la complaisance de l'Orthoglide et du 3-PUU

Le tableau 8 montre l'évolution de nos résultats en fonction de la modélisation utilisée vis-à-vis d'une modélisation par éléments finis. Avec une modélisation mixte, nous pouvons évaluer très rapidement la rigidité de l'Orthoglide dans tout son espace de travail sans remailler pour chaque posture. Ainsi, une cartographie de la rigidité peut être produite et utilisée dans la commande pour compenser les erreurs dues à la déformation de la structure.

Modèle de rigidité	Point Q_0 $x,y,z = 0.00$ mm		Point Q_1 $x,y,z = -73.65$ mm		Point Q_2 $x,y,z = +126.35$ mm	
	k_{tran} [mm/N]	k_{rot} [rad/N·mm]	k_{tran} [mm/N]	k_{rot} [rad/N·mm]	k_{tran} [mm/N]	k_{rot} [rad/N·mm]
Modèle rigide avec flexibilités localisées, version isostatique [A-07-1]	$3.68 \cdot 10^{-4}$	$2.77 \cdot 10^{-7}$	$13.8 \cdot 10^{-4}$	$2.77 \cdot 10^{-7}$	$34.3 \cdot 10^{-4}$	$2.78 \cdot 10^{-7}$
Modèle rigide avec flexibilités localisées, version hyperstatique	$3.68 \cdot 10^{-4}$	$1.26 \cdot 10^{-7}$	$12.5 \cdot 10^{-4}$	$1.26 \cdot 10^{-7}$	$24.7 \cdot 10^{-4}$	$1.26 \cdot 10^{-7}$
Modèle rigide avec flexibilités localisées calculé par une modélisation éléments finis	$2.93 \cdot 10^{-4}$	$2.02 \cdot 10^{-7}$	$10.2 \cdot 10^{-4}$	$2.15 \cdot 10^{-7}$	$21.9 \cdot 10^{-4}$	$2.76 \cdot 10^{-7}$
Modélisation par éléments finis	$3.05 \cdot 10^{-4}$	$2.05 \cdot 10^{-7}$	$10.9 \cdot 10^{-4}$	$2.17 \cdot 10^{-7}$	$26.8 \cdot 10^{-4}$	$2.67 \cdot 10^{-7}$

Tableau 8 : Comparaison de la complaisance en translation et en rotation de l'Orthoglide à l'isotropie Q_0 et aux points critiques Q_1 et Q_2.

Conclusion : Les travaux réalisés dans le cadre de l'étude de la rigidité de l'Orthoglide nous ont permis d'évaluer et d'améliorer la conception de l'Orthoglide. Ces modèles peuvent être facilement associés aux processus de conception d'une machine. Dans les premières étapes de la conception, la modélisation de Félix Majou basée sur des poutres peut être utilisée car la conception détaillée n'a pas été réalisée. Progressivement, la maquette numérique se construit et des modélisations par éléments finis enrichissent le modèle de rigidité. À chaque étape, il n'est pas nécessaire de définir les nouvelles contraintes d'assemblage ni de mailler l'ensemble du mécanisme.

6.4.3. Conception de l'Orthoglide 5 axes

6.4.3.1. Contexte

La conception de l'Orthoglide 5 axes a fait partie du projet ROBEA MPP (2004-2005) et doit aboutir à la fabrication d'un prototype de faisabilité à échelle exploitable industriellement. L'originalité et l'intérêt industriel de ce mécanisme ont été révélés lors de son brevet (Brevet français FR2850599, Demande PCT WO2004071705). Les intérêts majeurs du mécanisme Orthoglide qui a été breveté sont :

Le projet Orthoglide

- La minimisation de la masse des parties mécaniques en mouvement par le déport sur le bâti fixe des organes de mesure et d'actionnement.
- Une haute précision du positionnement de l'extrémité du mécanisme (qui peut porter un outil d'usinage ou une pièce à usiner indifféremment).

Ces deux intérêts s'avèrent être des avantages majeurs pour une exploitation de ce mécanisme dans le cadre de l'usinage de pièces de dimensions moyennes à grande vitesse, à grande précision et à coût énergétique réduit. Pour en promouvoir tout le potentiel, la facilité d'utilisation et les performances, il est maintenant devenu nécessaire d'en démontrer les capacités sur un prototype possédant un espace de travail équivalent aux centres d'usinage 5 axes du commerce (espace de travail 500mm*500mm*500mm).

Figure 91 : Prototype CAO de l'Orthoglide 5 axes réalisé par Symétrie pour l'IRCCyN

6.4.3.2. Choix de l'architecture

Pour réaliser une machine outil 5 axes, trois architectures de mécanisme peuvent être utilisées

- Les architectures sérielles (machines outils classiques) ;
- Les architectures pleinement parallèles (Hexapodes ou plate-formes de Gough-Stewart) ;
- Les architectures hybrides parallèles-sérielles (Tricept= poignet sériel en série sur un tripode ou Verne= architecture main gauche et main droite c'est-à-dire un poignet sériel pour la pièce et plate-forme parallèle pour l'outil).

Les architectures pleinement parallèles peuvent être très complexes (40 solutions au modèle géométrique direct pour une plate-forme de Gough-Stewart) ou très simples

(2 solutions au MGD pour l'Orthoglide). Pour obtenir de bonnes capacités de déplacement en position et en orientation, un découplage entre ces deux types de mouvements est un bon compromis. Cette solution est utilisée pour le Tricept mais les moteurs pilotant le poignet sont embarqués, ce qui ajoute des masses en mouvement et augmente le volume du poignet. Une autre solution est l'utilisation de l'architecture main gauche, main droite comme pour la machine Verne [A-07-2]. Malheureusement, dans ce cas, les déplacements relatifs outils/pièce ne sont pas intuitifs.

La stratégie retenue a été d'ajouter un poignet sphérique à l'Orthoglide. De nombreuses architectures de poignet existent et les travaux d'Hervé dans ce domaine donnent une bonne idée du nombre de possibilités [Karouia 2003]. Pour les mécanismes sphériques à trois degrés de liberté, on peut distinguer les mécanismes dont les actionneurs sont fixes (Figure 92) ou dont les actionneurs sont mobiles (Figure 93).

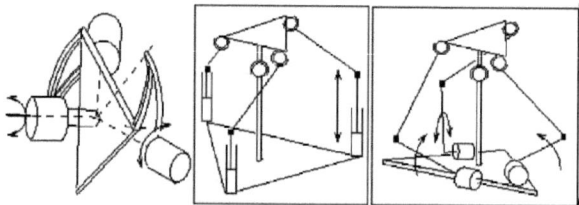

Figure 92 : Exemple de mécanismes sphériques parallèles avec actionneurs fixes (© Jean-Pierre Merlet)

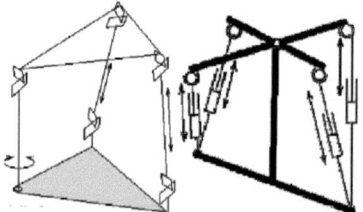

Figure 93 : Exemple de mécanismes sphériques parallèles avec actionneurs mobiles (© Jean-Pierre Merlet)

Pour diminuer l'encombrement des poignets et permettre le transfert des actionneurs au plus près du bâti, nous avons retenu les architectures possédant des actionneurs fixes.

Afin de réduire le nombre de jambes, nous avons choisi de transmettre les mouvements de rotation en passant par la fibre neutre des parallélogrammes.

Deux conceptions ont été proposées pour transmettre les mouvements de rotation, la première utilise des cardans et la seconde des biellettes.

Dans la première conception, un placement judicieux des cardans permet de garantir une transmission homocinétique entre la base et le poignet (Figure 94).

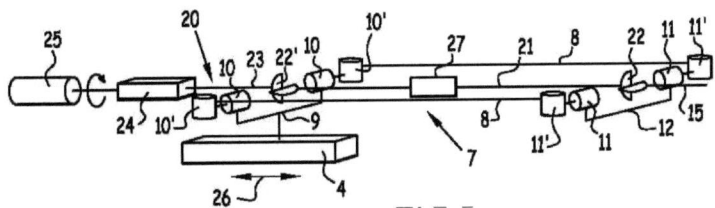

Figure 94 : Schématisation de la transmission de mouvement intégrée dans la fibre neutre du parallélogramme

Pour la seconde conception, le renvoi d'angle permet d'introduire un rapport d'amplification de mouvement (Figure 95). Cette variante est apparue dans le brevet européen, canadien et américain **[I-04-1, I-05-1, I-07-1]**.

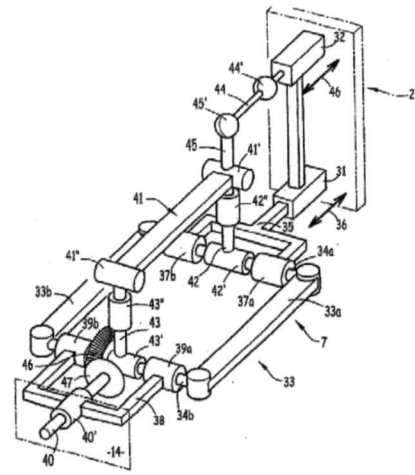

Figure 95 : Schématisation de la transmission de mouvement utilisant des biellettes [I-07-1]

L'assemblage de ces jambes conduit à un modèle CAO représenté dans la figure 96 dans sa version CAO et dans sa version associée au brevet (avec la numérotation des pièces).

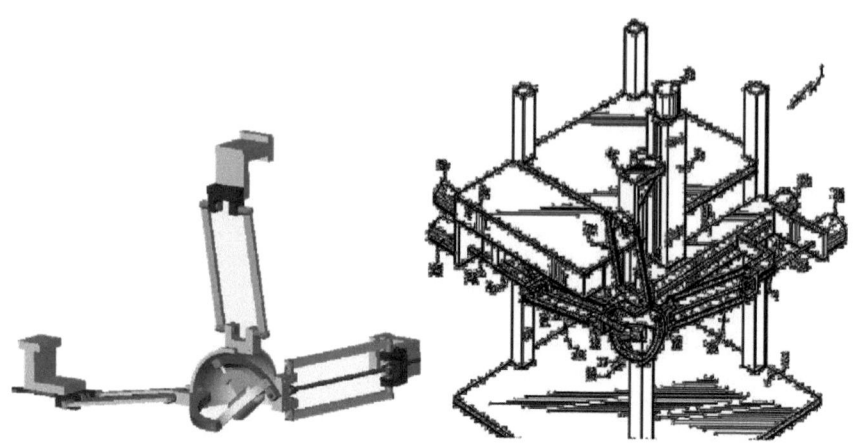

Figure 96 : Modélisation de l'Orthoglide 5 axes provenant du Brevet [I-03-1]

Un projet de valorisation est en cours et un prototype doit être construit en 2008. Le cahier des charges est donné dans le chapitre 9. Dans ce cadre, la thèse de Raza Ur-Rehman doit aussi nous permettre d'explorer les problèmes de conception optimale en prenant en compte plusieurs objectifs, comme la cinématique, la dynamique, la rigidité et la sensibilité aux erreurs de fabrication et d'assemblage.

6.4.4. Production scientifique relative au projet Orthoglide

6.4.4.1. Principales publications

A-03-1 CHABLAT D. ET WENGER P.,
" Architecture Optimization of a 3-DOF Parallel Mechanism for Machining Applications, the Orthoglide ",
IEEE Transactions On Robotics and Automation, Vol. 19(3), pp. 403-410, Juin 2003.

A-05-1 PASHKEVICH A., WENGER P. ET CHABLAT D.,
" Design Strategies for the Geometric Synthesis of Orthoglide-type Mechanisms ",
Mechanism and Machine Theory, Vol. 40(8), pp. 907-930, Août 2005 (0.750).

A-06-1 PASHKEVICH A, CHABLAT D. ET WENGER P.,
" Kinematics and Workspace Analysis of a Three-Axis Parallel Manipulator: the Orthoglide ",
Robotica, Vol. 24(1), pp. 39-49, Janvier 2006 (0.483)

A-06-2 CARO S., WENGER P., BENNIS F. ET CHABLAT D.,
" Sensitivity Analysis of the Orthoglide, a 3-DOF Translational Parallel Kinematic Machine ",

ASME Journal of Mechanical design, Vol. 128, pp. 392-402, Mars 2006 (1.252).

A-07-1 **MAJOU F., GOSSELIN C., WENGER P. ET CHABLAT D.**,
" Parametric stiffness analysis of the Orthoglide ",
Mechanism and Machine Theory, Vol. 42(3), pp. 296-311, Mars 2007 (0.750).

6.4.4.2. Brevets

I-03-1 **CHABLAT D. WENGER P.**,
"Dispositif de déplacement et d'orientation d'un objet dans l'espace et utilisation en usinage rapide", Déposant: Centre National de la Recherche Scientifique CNRS/ École Centrale de Nantes. Mandataire : Cabinet LAVOIX, Brevet français : FR2850599 (5 février 2003)

I-04-1 **CHABLAT D. WENGER P.**,
"Device for the Movement and Orientation of an Object in Space and Use Thereof in Rapid Machining", Déposant: Centre National de la Recherche Scientifique CNRS/École Centrale de Nantes, Brevet canadien : CA2515024 (26 août 2004).

I-05-1 **CHABLAT D. WENGER P.**,
"Dispositif de déplacement et d'orientation d'un objet dans l'espace et utilisation en usinage rapide", Déposant: Centre National de la Recherche Scientifique CNRS/Ecole Centrale de Nantes. Mandataire : Cabinet LAVOIX, Brevet européen: EP1597017 (23 novembre 2005),

I-07-1 **CHABLAT D. WENGER P.**,
"Device for the Movement and Orientation of an Object in Space and Use Thereof in Rapid Machining", Déposant: Centre National de la Recherche Scientifique CNRS/École Centrale de Nantes. Mandataire : Cabinet LAVOIX,Brevet Américain: US20070062321 (22 mars 2007).

6.4.4.3. Encadrements

Thèses

F-04-01 **FELIX MAJOU**,
"Analyse cinétostatique des machines parallèles à translations",
co-encadrement avec Ph. Wenger et C. Gosselin (Université Laval, Québec).

DEA/Masters

E-02-01 **SCAILLIERZ A.**,
Analyse de la sensibilité de mécanismes : application à l'orthoglide",
DEA Génie Mécanique, École Centrale Nantes, co-encadrement avec F. Bennis

E-03-01 **BOURCIER B.,**
"Évaluation de la rigidité de l'orthoglide",
DEA Génie Mécanique, École Centrale Nantes, co-encadrement avec P. Wenger.

E-05-04 **BETTAIEB F.,**
Extension de l'architecture de l'Orthoglide : Ajout de deux axes virtuels de rotation,
Master Génie Mécanique, École Centrale Nantes, co-encadrement avec Ph. Wenger.

7. CONCLUSION ET PERSPECTIVES

7.1. Conclusion

Dans ce mémoire, j'ai exposé une partie de mes recherches effectuées à l'IRCCyN et à l'Université McGill. Je pense avoir reproduit l'essentiel de mes contributions pour l'analyse et la conception de mécanismes. À coté de cela, j'ai travaillé avec les collègues de mon équipe ponctuellement sur le virtual manufacturing, la conception orientée clients ou la réalité virtuelle.

Concernant l'analyse de mécanisme, j'ai suivi le même plan de recherche entre les mécanismes sériels et les mécanismes parallèles. Aujourd'hui, nous n'avons pas encore le même niveau de connaissance pour les deux types. La classification des mécanismes 3R orthogonaux en fonction de la typologie de leur espace de travail ainsi que la définition d'une condition nécessaire et suffisante pour avoir des mécanismes binaires ou quaternaires sont les résultats importants obtenus pour les mécanismes sériels. La notion d'isotropie et la longueur caractéristique sont deux notions que j'ai abordées pour les mécanismes sériels et parallèles. Dans les deux cas, j'ai apporté une contribution en travaillant sur la longueur caractéristique optimisée pour les mécanismes sériels et en définissant la longueur caractéristique pour plusieurs mécanismes parallèles. Pour les mécanismes parallèles, j'ai transposé la notion d'aspect et de domaines d'unicité pendant ma thèse. Ces définitions reposent sur la notion de modes de fonctionnement que j'ai défini en 1997. Nous avons ensuite travaillé sur la définition de points cusp en utilisant les travaux de McAree et en introduisant un algorithme pour les caractériser. En étudiant les trajectoires de changement de mode d'assemblage non singulier, nous avons mis en évidence, dans l'espace des configurations, le contournement d'un ou plusieurs points cusp.

Concernant la conception de mécanisme, nous avons utilisé les résultats obtenus lors de l'analyse des mécanismes sériels et parallèles pour calculer des indices de performance (longueur caractéristique) ou pour trouver de nouvelles classes de mécanismes (classification de mécanismes sériels, notion d'isotropie). La classification des mécanismes sériels nous a permis d'obtenir plusieurs classes des mécanismes dont les propriétés restent stables en fonction de leurs paramètres de conception. Parmi les mécanismes 3R orthogonaux, nous avons classifié deux types qui semblent intéressants pour le concepteur. Pour les mécanismes planaires à trois degrés de liberté, nous avons étudié principalement le 3-PRR en utilisant la surface de l'espace de travail ainsi que le conditionnement inverse moyen. Cette formulation, de type multi-objectifs, était nouvelle pour moi lorsque je l'ai formulée. Nous avons conduit plusieurs études sur l'optimisation et la comparaison de mécanismes parallèles planaires et spatiaux pour des mouvements de translation pure. Ces résultats ont permis de justifier, selon plusieurs indices de performances, la pertinence de l'utilisation de l'isotropie.

Nous avons réalisé la conception des vertèbres d'un robot anguille dans le projet ROBEA Anguille en utilisant nos connaissances sur les mécanismes parallèles. Ce mécanisme d'architecture parallèle permet de minimiser la puissance des moteurs. Pour la nage, deux moteurs travaillent ensemble dans le même sens et pour plonger ces deux même moteurs travaillent aussi ensemble mais en opposition. Le placement de ces moteurs a été optimisé afin de s'insérer dans la section elliptique de l'anguille. Un prototype a été construit et assemblé à l'IRCCyN.

Dans le cadre du projet européen NEXT, nous avons étudié la cinématique de la machine Verne. Nous avons étudié les modes d'assemblage et de fonctionnement puis modélisé l'espace de travail en tenant compte des limites des articulations motorisées et passives. Nous avons aussi montré que l'espace de travail libre de singularité et de collision était plus grand que celui actuellement utilisé. Pour palier le problème de couplage entre la taille de l'espace de travail et la longueur de l'outil, nous pouvons générer un espace de travail adapté à chaque situation qui peut être exporté sous forme de fichier CAO dans CATIA par exemple.

Nous avons réalisé l'optimisation du mécanisme Slide-o-Cam comme mécanisme de transformation de mouvement de rotation en translation en utilisant simultanément plusieurs fonctions objectives (l'angle de pression, la pression de hertz, l'encombrement et l'inertie des pièces en mouvement). La résolution de ce problème m'a permis d'aborder la problématique de l'optimisation multi-objectifs qui est l'un des thèmes fédérateurs de notre équipe.

J'ai présenté les deux versions de l'Orthoglide, 3 axes et 5 axes. De nombreux résultats ont été obtenus et présentés dans ce mémoire. La démarche de conception nous a permis de définir les dimensions du prototype en fonction d'un cahier des charges orienté machines d'usinage à grandes vitesses. Nous avons défini la notion d'espace de travail dextre régulier pour l'Orthoglide et utilisé cette notion pour comparer plusieurs mécanismes parallèles [A-04-2]. Nous avons réalisé l'analyse de la rigidité en utilisant un modèle utilisant des flexibilités localisées [A-07-1].

7.2. Perspectives

Mes objectifs de recherche pour les années à venir portent sur trois thèmes. Les deux premiers sont l'analyse, et la conception et optimisation de mécanismes, thèmes que

Conclusion et perspectives

j'ai présentés dans ce mémoire. Le troisième est pour moi émergeant depuis quelques années : c'est la simulation de mannequins en vue de l'amélioration des modèles de simulation et d'analyse de poste de travail.

Analyse de mécanismes

Les études réalisées dans l'équipe MCM sur les mécanismes sériels 3R orthogonaux ont permis la définition de mécanismes cuspidaux. À l'occasion de la thèse de Maher Baili, nous avons classifié en fonction des paramètres de DHm les mécanismes 3R orthogonaux. Mes objectifs maintenant sont de continuer ces études pour les mécanismes 6R comme il a été commencé lors d'un contrat avec Staubli **[G-03-01]**. Pour réduire les coûts de fabrication de ces robots, la société Staubli avait commencé l'étude d'un mécanisme 6R possédant un offset sur le poignet. Ce petit changement implique une modification importante du modèle géométrique inverse (14 solutions au maximum pour notre exemple). En effet, l'augmentation du nombre de solutions au modèle géométrique inverse entraîne de nombreux problèmes. Contrairement aux robots anthropomorphes, le passage d'une solution à une autre ne peut être interprété comme un changement de coude haut vers coude bas. La résolution de ce problème passe par l'utilisation d'outils permettant de caractériser tous les aspects d'un mécanisme. Si l'approche utilisant des modèles octrees rencontre des limites lorsque la dimension de l'espace est supérieure à 3, je pense qu'une modélisation utilisant l'arithmétique par intervalle doit résoudre ce problème. De plus, contrairement à nos méthodes de calcul qui se basaient sur une discrétisation de l'espace de travail ou de l'espace articulaire, les résultats sont garantis en terme de précision.

Concernant les problèmes de classification, un autre objectif est d'obtenir une classification selon la topologie de leur espace de travail pour les mécanismes parallèles. Nous espérons obtenir ces résultats dans le contexte du projet ANR SiRoPa. Nous savons que les mécanismes 3RPR possédant des plates-formes similaires ne peuvent être cuspidaux. L'idée première est de relâcher progressivement les contraintes sur les paramètres pour faire apparaître progressivement un mécanisme général. Plusieurs objectifs intermédiaires sont à atteindre et mes recherches suivront le déroulement du projet ANR SiRoPa qui repose sur la détection des singularités, puis développer de nouveaux outils permettant de calculer et d'évaluer les espaces de travail dextre régulier. Ces outils permettront de fournir des éléments pour séparer et trier les solutions au modèle géométrique direct et seront utiles pour caractériser les aspects ainsi que les domaines d'unicité de ces mécanismes. Ainsi, on pourra facilement identifier et classifier les mécanismes parallèles cuspidaux ou non cuspidaux.

Conclusion et perspectives

J'ai utilisé la notion d'isotropie pour concevoir des mécanismes sériels plans et spatiaux ainsi que l'Orthoglide. Pour les mécanismes mélangeant des degrés de mobilités en rotation et en translation, j'ai étudié la notion de longueur caractéristique. Cette notion repose sur un problème bien connu qui est la non homogénéité de la matrice jacobienne. Cependant, cette longueur n'est pas complètement reconnue dans la communauté robotique et son utilisation reste souvent limitée à des mécanismes à trois degrés de liberté. Mes objectifs sont d'étendre cette notion pour des mécanismes spatiaux possédant une posture isotrope. La définition de la longueur caractéristique permet d'homogénéiser les matrices jacobiennes cinématiques. J'ai commencé à comparer les résultats obtenus avec d'autres méthodes d'évaluation de l'espace de travail comme l'angle de pression. En effet, je pense que l'évaluation du conditionnement d'un mécanisme possédant une matrice jacobienne homogénéisée est similaire à l'évaluation de l'angle de pression. Cependant, il me semble plus facile de calculer le conditionnement d'un mécanisme spatial que d'évaluer ses angles de pression. En effet, nous pouvons appliquer une procédure purement numérique pour évaluer une longueur permettant de minimiser le conditionnement sans connaissances précises du mécanisme **[Angeles 2007]** même si ce mécanisme ne possède pas de posture isotrope.

Conception et optimisation de mécanismes

Si les outils d'analyse nous permettent de définir et d'optimiser de nouvelles architectures de mécanisme, mes recherches vont surtout utiliser le concept de l'Orthoglide. La valorisation de nos activités de recherche est l'objectif premier associé à la construction de prototype. Si aujourd'hui, le prototype de l'Orthoglide 3 axes est étudié à l'IRCCyN et dans plusieurs laboratoires à travers le monde, c'est que la construction de ce prototype a permis de démontrer l'intérêt de l'architecture Orthoglide. Nous allons continuer à valoriser ce prototype en réalisant des expérimentations pour valider les modèles de rigidité, utiliser les propriétés d'isotropie pour la callibration. Nous voulons aussi intégrer de nouvelles stratégies de commande basées sur un système de vision **[Projet européen NEXT]** en collaboration avec l'IFMA.

À la suite de la thèse de Félix Majou, nous avons isolé un nouveau type de mécanisme, nommé hybrideglide. Ces propriétés doivent être étudiées plus en détail. Nous pouvons par exemple utiliser plusieurs modes de fonctionnement et obtenir de grands déplacements suivant la direction des deux actionneurs parallèles.

Nous venons de commencer à étudier plus en détail l'Orthoglide 5 axes. Ce prototype servira à valider nos recherches sur la rigidité, la dynamique ainsi que la sensibilité

Conclusion et perspectives

aux erreurs de fabrication et d'assemblage. Nous allons formuler la conception de cette machine en termes d'optimisation multi-objectifs en fonction des performances cinétostatiques, dynamiques et la rigidité **[Thèse Raza Ur-Rehman]**. Les recherches publiées sur les mécanismes parallèles portent le plus souvent sur de l'analyse de leurs performances. De nombreux papiers définissent de nouveaux indices de performances mais ces indices sont rarement comparés entre eux. Lors de la conférence ICRA en 2007, nous avons organisé une session invitée dans laquelle les articles comportaient les mêmes éléments : espace de travail, rigidité et précision. Malheureusement, il n'est pas possible de conclure car chaque machine a été définie avec un cahier des charges différent.

Le point de départ de toute nouvelle conception est la formulation d'un cahier des charges. C'est l'utilisateur qui définit ses préférences, comme l'espace de travail, les vitesses, les accélérations, la précision ou la rigidité. Parfois, il manque des informations, parfois l'information est redondante. L'optimisation multi-objectifs doit permettre de répondre à ses demandes. La création d'une surface de Pareto permet à l'utilisateur final de choisir parmi les solutions possibles en y ajoutant, par exemple, des critères subjectifs. Cependant, il est nécessaire de développer des modèles paramétriques pour permettre l'implantation de cette optimisation. Lors de la conception de Slide-o-Cam et dans le projet EMC2-MDO, j'ai appris qu'en faisant varier les paramètres, on pouvait trouver des solutions non réalistes pour la fabrication. Pour améliorer la rigidité, un simple morphing des pièces ne suffit pas car il faut veiller à ce que l'on puisse fabriquer et assembler les pièces pour un coût optimum.

La gestion de la valorisation du brevet de l'Orthoglide 5 axe est un travail qui va m'occuper pendant plusieurs années. Nous voulons développer des partenariats avec des entreprises utilisant des machines d'usinage à grande vitesse pour démontrer l'intérêt de notre prototype vis-à-vis des machines outils disponibles sur le marché. Nous cherchons actuellement des partenaires parmi les utilisateurs de machines outils pour définir des pièces tests avec des contraintes industrielles de réalisation. Ainsi, nous pourrons comparer notre machine avec les machines existantes en terme de qualité de réalisation et de coût d'usinage. L'étape suivante sera de convaincre des fabricants de machine outil sur les avantages compétitifs de notre architecture et de leurs céder des licences de fabrication. Pour ces deux dernières étapes, j'espère continuer la collaboration que j'ai avec l'équipe robotique (Wisama Khalil) et amplifier celle avec l'équipe MO2P (Jean-Yves Hascoët). En effet, pour avoir un processus de fabrication optimale, il ne suffit pas d'avoir une bonne architecture de machine ; il faut avoir la bonne commande ainsi que les bonnes stratégies pour

Conclusion et perspectives

l'utiliser (condition de coupe, parcours d'outil, ...).

Simulation de mannequins

L'origine des ces travaux se trouve dans ceux réalisés par Patrick Chedmail. Dans ce contexte, on peut citer les travaux sur la simulation de mannequins et plus particulièrement sur des problèmes d'accessibilité (Thèse de Vincent Riffard 1995, Christophe Le Roy, 1999, Bruno Maillé 2003). Ces travaux ont été réalisés dans le cadre de deux contrats européens (CEDIX et Enhance) et avec Snecma. À la fin du projet EnHance, j'ai participé avec Florence Bidault et Laurent Pino à l'écriture de programmes permettant de prendre en compte l'ergonomie visuelle dans la simulation **[C-01-04, A-03-3]**.

C'est plus particulièrement dans le cadre de la thèse d'Antoine Rennuit que j'ai commencé à aborder le problème de la simulation de mannequin en partenariat avec le CEA et EADS/CCR. Ainsi, j'ai pu découvrir les problèmes liés à la simulation de mannequin par capture de mouvements. Cette technique est complètement différente de celle utilisée dans notre équipe, qui était basée une approche robotique associée à une approche de type multi-agents.

La suite de ce travail est la thèse de Liang Ma qui est réalisée avec EADS et l'Université de Tsinghua. En étudiant les simulations réalisées avec une approche robotique et la capture de mouvements, je me suis aperçu que les méthodes robotiques intégraient peu d'outils pour l'analyse ergonomique et que la qualification de l'ergonomie par des systèmes de capture de mouvement était longue et difficile. De plus, l'évaluation de la fatigue physique n'est pas prise en compte dans la qualification d'une tâche.

Pour simuler le travail d'un homme en utilisant un mannequin, nous devons être conscients que deux stratégies différentes antagonistes existent. L'homme peut maximiser l'ergonomie de sa posture ou minimiser sa fatigue. Ceci revient à résoudre un problème d'optimisation multi-objectifs. Pour réaliser la simulation, nous devons rendre cette optimisation en mono-objectif et introduire des pondérations. Le choix de ces pondérations dépendant de la personne réalisant la tâche. Nous pensons que c'est par la réalisation de trajectoires réelles et l'évaluation subjectives de ces trajectoires que nous pourrons calibrer nos outils.

La première étape de cette recherche est de modéliser la fatigue physique par des modèles simplifiés de muscles. Ensuite, nous allons calibrer ces modèles en utilisant un système de capture de mouvements et des questionnaires (analyses subjectives) pour des tâches simples. Pour ce faire, nous devons séparer l'ergonomie et la fatigue pour valider les modèles des muscles. Nous voulons ainsi savoir comment définir la fatigue musculaire globale pour des travaux associant uniquement les membres supérieurs. Nous savons par notre propre expérience que la fatigue d'un seul muscle peut être ressentie comme une fatigue importante et une fatigue modérée sur l'ensemble des muscles peut avoir le même effet.

La deuxième étape que nous allons faire avec le Prof. Zhang Wei de l'université de Tsinhua est la validation de nos modèles sur des travailleurs chinois. Nous utiliserons les modèles ergonomiques classiques et déjà implémentés dans les logiciels de simulation de mannequin avec nos modèles de prédiction de la fatigue. Nous pensons que la pondération entre ergonomie et fatigue peut être différente entre un européen et un chinois. C'est en partant de ce constat que le CCR d'Airbus a défini les objectifs de ce travail afin de savoir si le transfert direct des méthodes d'assemblage européennes vers des sites de production chinois est possible.

À terme, nous voulons être capables de qualifier dès la conception d'un poste de travail si une tâche d'assemblage est pénible ou non, et d'implémenter ces nouveaux outils d'analyse ergonomique dans les logiciels de simulation de mannequins, comme Robcad, Safework, Delmia, Jack ou RAMSIS.

Conclusion et perspectives

8. RÉFÉRENCES BIBLIOGRAPHIQUES

[Angeles 2007] Angeles J., "Fundamentals of Robotic Mechanical Systems", Springer-Verlag, New York, 2007.

[Angeles 1992] Angeles J., López-Cajún C. S., "Kinematic Isotropy and the Conditioning Index of Serial Manipulators", The Int. Journal of Robotics Research, Vol. 11, No. 6, 1992, pp. 560-571.

[Agrawal 1995] Agrawal, S.K, Desmier, G. et S. Li. "Fabrication and analysis of a novel 3 dof parallel wrist mechanism", ASME J. of Mechanical Design, 117(2), pp. 343-345, Juin 1995.

[Arumugam 2004] Arumugam H.K., Voyles R.M., Bapat S. "Stiffness analysis of a class of parallel mechanisms for micro-positioning applications", Proceedings of IEEE/RSJ International Conference on Intelligent Robots and Systems (IROS), Vol. 2, pp. 1826-1831, 2004.

[Birglen 2002] Birglen L., Gosselin C., Pouliot N., Monsarrat B., Laliberté T., "SHaDe, a new 3-dof haptic device", IEEE Transactions on Robotics and Automation, Vol. 18, No. 2, pp. 166-175, 2002.

[Bouzgarrou 2004] Bouzgarrou B.C., Fauroux J.C., Gogu G., Heerah Y., "Rigidity analysis of T3R1 parallel robot uncoupled kinematics", Proceedings of the 35th International Symposium on Robotics, Paris, March 2004.

[Burdick 1991] Burdick J. W., "A Classification of a 3D Regional Manipulator Singularities and Geometries", Proceedings IEEE International Conference on Robotics and Automation, pp. 2670-2675, Sacramento, California, April 1991.

[Borrel 1986] Borrel P., "A Study of Manipulator Inverse Kinematic Solutions With Application to Trajectory Planning and Workspace Determination", Proceedings IEEE International Conference on Robotic and Automation, pp. 1180-1185, 1986.

[Brüls 2005] Brüls O., "Integrated Simulation and Reduced-Order Modeling of Controlled Flexible Multibody Systems", Thèse de doctorat, Université de Liège, Belgique, 2005.

[Carricato 2002] Carricato M., Parenti-Castelli V., "Singularity-free fully isotropic translational parallel manipulators", The Int. J. Robotics Res., Vol. 21, No. 2, pp. 161-174, 2002.

[Ceccarelli 2002] Ceccarelli M., Carbone G., "A stiffness analysis for CaPaMan (Cassino Parallel Manipulator). Mechanism and Machine Theory", Vol. 37(5), pp. 427-439, 2002.

Références bibliographiques

[Clavel 1988] Clavel R., "DELTA, a fast robot with parallel geometry", Proceedings of the 18th International Symposium of Robotic Manipulators, IFR Publication, pp. 91-100, 1988.

[Clinton 1997] Clinton C.M., Zhang G., Wavering A.J., "Stiffness modeling of a Stewart-platform-based milling machine", Trans. of the North America Manufacturing Research Institution of SME, Vol. 25, pp. 335-340, 1997.

[Company 2002] Company O., Krut S., Pierrot F., "Modelling and Preliminary Design Issues of a 4-Axis Parallel Machine for Heavy Parts Handling", Journal of Multibody Dynamics, Vol. 216, pp. 1-11, 2002.

[Corradini 2004] Corradini C., Fauroux J.C., Krut S., Company O., "Evaluation of a 4-degree-of-freedom Parallel Manipulator Stiffness", Proceedings of 11th IFToMM World Congress in Mechanism and Machine Science, Tianjin, China, pp. 1857-1861, 2004.

[Corvez 2002] Corvez S., Rouillier F., "Using computer algebra tools to classify serial manipulators", Proceedings of the Fourth International Workshop on Automated Deduction in Geometry, Linz, 2002.

[Deblaise 2006] Deblaise D., Hernot X., Maurine P., "Systematic Analytical Method for PKM Stiffness Matrix Calculation", IEEE International Conference on Robotics and Automation (ICRA), Orlando, Florida, pp. 4213-4219, May 2006.

[El-Khasawneh 1999] El-Khasawneh B.S., Ferreira P.M, "Computation of stiffness and stiffness bounds for parallel link manipulators", International Journal of Machine Tools and Manufacture, Vol. **39**(2), pp. 321-342, 1999.

[Faverjon 1984] Faverjon B., "Obstacle avoidance using an octree in the configuration space of a manipulator", Proceedings IEEE International Conference on Robotic and Automation, pp. 504-510, 1984.

[Garcia 1986] Garcia G., Wenger P., Chedmail P., "Computing moveability areas of a robot among obstacles using octrees", International Conference on Advanced Robotics, Columbus, Ohio, USA, Juin 1989.

[Ghali 2003] Ghali A., Neville A.M., Brown T.G., "Structural analysis: a unified classical and matrix approach", Spon Press, New York, 5ème édition, 2003.

[Gupta 1982] Gupta K.C., Roth B., "Design Considerations for Manipulator Workspaces", ASME Journal of Mechanical Design, Vol. 104, pp. 704-711, 1982.

[El Omri 1996] El Omri J., "Analyse Géométrique et Cinématique des Mécanismes de Type Manipulateur", Thèse de Doctorat, Nantes, Février 1996.

[Gogu 2004] Gogu G., "Structural synthesis of fully-isotropic translational parallel robots via theory of linear transformations", European Journal of Mechanics - A/Solids, Vol. 23(6), pp. 1021-1039, Novembre-Décembre 2004.

[Gogu 2005] Gogu G., "Structural Synthesis and Singularity Analysis of 6R Orthogonal Robotic Manipulators with three parallel axes", Proceedings of the International Symposium on Multibody Systems and Mechatronics, Brésil, Mars 2005.

[Golub 1989] Golub G. H., Van Loan C. F., "Matrix Computations", The John Hopkins University Press, Baltimore, 1989.

[González-Palacios 2000] González-Palacios M.A., Angeles J., "The novel design of a pure-rolling transmission to convert rotational into translational motion", Proc. 2000 ASME Design Engineering Technical Conferences, Baltimore, Sept. 10-13, CD-ROM DETC2000/MECH-14166, 2000.

[González-Palacios 2003] González-Palacios M., Angeles J., "The design of a novel pure-rolling transmission to convert rotational into translational motion", Journal of Mechanical Design, Vol. 125, pp. 205-207, 2003.

[Corvez 2002] Corvez S., Rouillier F., "Using computer algebra tools to classify serial manipulators", in Proc. Fourth International Workshop on Automated Deduction in Geometry, Linz, Austria, 2002

[Gosselin 1990a] Gosselin C., Angeles J., "Singularity analysis of Closed-Loop Kinematic chains", Proc. IEEE Transactions on Robotics and Automation, Vol. 6, pp. 281-290, Juin 1990.

[Gosselin 1990b] Gosselin C.M., "Stiffness mapping for parallel manipulators", IEEE Transactions on Robotics and Automation, Vol. 6(3), pp. 377-382, 1990.

[Gosselin 1994] Gosselin C., Hamel J.F., "The agile eye: a high performance three-degree-of-freedom camera-orienting device", IEEE Int. conference on Robotics and Automation, pp. 781-787, San Diego, 8-13 Mai, 1994.

[Gosselin 2002] Gosselin C.M., Zhang D., "Stiffness analysis of parallel mechanisms using a lumped model", Int. J. of Robotics and Automation, Vol. 17(1), pp 17-27, 2002.

[Gough 1957] Gough V. E., "Contribution to discussion of papers on research in automobile stability, control and tyre performance", Proceedings Auto Div. Inst. Mech. Eng, 1956-1957.

[Haugh 1995] Haugh R. J., Adkins F. A., Luh C. M., "Domain of Operation and Interference for Bodies in Mechanisms and Manipulators", In J-P. Merlet, B. Ravani editor, Computational Kinematics, pp. 193-202, Kluwer, 1995.

Références bibliographiques

[Hervé 1991] Hervé J.M., Sparacino F., "Structural Synthesis of Parallel Robots Generating Spatial Translation", 5th Int. Conf. on Adv. Robotics, IEEE n° 91TH0367-4, Vol.1, pp. 808-813, 1991.

[Hervé 1992] Hervé J.M., Sparacino F., "Star, a New Concept in Robotics", 3rd Int. Workshop on Advances in Robot Kinematics, pp. 180-183, 1992.

[Innocenti 1992] Innocenti C., Parenti-Castelli V., "Singularity-free evolution from one configuration to another in serial and fully-parallel manipulators", Robotics, Spatial Mechanisms and Mechanical Systems, ASME 1992.

[Jo 1989] Jo D. Y., Haug E. J., "Workspace analysis of closed-loop mechanisms with unilateral constraints", ASME Design Automation Conference, Mars 1989.

[Karouia 2000] Karouia M., Hervé J.M., "A three-dof tripod for generating spherical rotations", Advances in Robot Kinematic, Kluwer Academic Publishers, Juin, pp. 395-402, 2000.

[Karouia 2003] Karouia M., "Conception structurale de mécanismes parallèles sphériques", Thèse de doctorat de l'École Centrale de Paris, 2003.

[Khalil 1986] Khalil W., Kleinfinger J. F., "A New Geometric Notation for Open and Closed Loop Robots", Proceeding IEEE International Conference on Robotics and Automation, pp. 1174-1179, 1986.

[Kholi 1985] Kholi D., Spanos J., "Workspace analysis of mechanical manipulators using polynomial discriminant", ASME J. Mechanisms, Transmission and Automation in Design, Vol. 107, pp. 209-215, juin 1985.

[Kong 2002] Kong X., Gosselin C.M., "Type synthesis of linear translational parallel manipulators," in Lenarcic, J. and Thomas, F. (editors), Advances in Robot Kinematic, Kluwer Academic Publishers, Juin, pp. 453-462, 2002.

[Kim 2002] Kim H.S., Tsai L.W., "Evaluation of a Cartesian manipulator", Advances in Robot Kinematic, Kluwer Academic Publishers, Juin, pp. 21-38, 2002.

[Kumar 1981] Kumar A. V., Waldron K.J., "The Workspace of a Mechanical Manipulator", ASME Journal of Mechanical Design, 1981, pp. 665-672.

[Lee 1998] Lee J., Duffy J., Hunt K., "A Pratical Quality Index Based on the Octahedral Manipulator", The International Journal of Robotic Research, Vol. 17, No. 10, Octobre 1998, pp. 1081-1090.

[Leguay-Durand 1998] Leguay-Durand S., "Conception et Optimisation de Mécanismes parallèles à Mobilités Restreintes", Thèse de Doctorat, Ecole Nationale Supérieure de l'Aéronautique et de l'Espace, Toulouse, 1998.

Références bibliographiques

[Long 2003] Long C.S., Snyman J.A., Groenwold A.A., "Optimal structural design of a planar parallel platform for machining", Applied Mathematical Modelling, Vol. 27(8) pp. 581-609, 2003.

[McAree 1999] McAree P.R., Daniel R.W., "An Explanation of never-special Assembly Changing Motions for 3-3 Parallel Manipulators", The International Journal of Robotics Research, Vol.18, No.6, pp.556-574, 1999.

[Meagher 1981] D. Meagher, "Geometric Modelling using Octree Encoding", Technical Report IPL-TR-81-005, Image Processing Laboratory, Rensselaer Polytechnic Institute, Troy, New York 12181, 1981.

[Merlet 2005] Merlet J-P., "Parallel robots", 2e édition, Kluwer, Paris, 2005.

[Miko 2005] Miko P., "The Closed Form Solution of the Inverse Kinematic Problem of 3R Positioning Manipulators", Ecole Polytechnique Fédérale de Lausanne, 2005.

[Norton 2005] Norton R., "Cam Design and Manufacturing Handbook", Industrial Press, ISBN-10: 0831132191, 2005.

[Ottaviano 2004] Ottaviano E., Husty M., Ceccarelli M., "A Cartesian Representation for The Boundary Workspace of 3R Manipulators", Proceeding On Advanced in Robot Kinematics, ARK'04, Kluwer Academic Publisher, pp. 247-254, Sestri Levante, Italie, Juin 2004.

[ParalleMIC 2007] Bonev I., "The Parallel Mechanisms Information Center", www.parallemic.org, accédé le22 octobre 2007

[Parenti 1988] Parenti C. V., Innocenti C., "Position Analysis of Robot Manipulator: Regions and Subregions", ARK 88, pp. 150-158, Ljubljana, Yugoslavia, 1988.

[Piras 2005] Piras G., Cleghorn W.L., Mills J.K., "Dynamic finite-element analysis of a planar high-speed, high-precision parallel manipulator with flexible links", Mechanism and Machine Theory, Vol. 40(7), pp. 849-862, 2005.

[Rizk 2006] Rizk R., Fauroux J.C., Mumteanu M., Gogu G., "A comparative stiffness analysis of a reconfigurable parallel machine with three or four degrees of mobility", Journal of machine engineering, Vol. 6(2), p. 45-55, 2006.

[Salisbury 1982] Salisbury J.K., Craig J. J., "Articulated Hands: Force Control and Kinematic Issues", The Int. Journal of Robotics Research, Vol. 1(1), pp. 4-17, 1982.

[Stewart 1965] Stewart D., "A Platform with 6 Degrees of Freedom", Proc. of the Institution of Mechanical Engineers, 180 (Part 1, 15), pp. 371-386, 1965.

[Tancredi 1995] Tancredi L., "De la simplification et la résolution du modèle géométrique direct des robots parallèles", Thèse, INRIA Sophia Antipolis, 1995.

Références bibliographiques

[Tlusty 1999] Tlusty J., Ziegert J., Ridgeway S., "Fundamental comparison of the use of serial and parallel kinematics for machine tools", Annals of CIRP, Vol. 48:1, pp 351-356, 1999.

[Vischer 2000] Vischer P., Clavel R., "Argos: A Novel 3-DOF Parallel Wrist mechanism", The International Journal of Robotics Research, Vol. 19, No. 1, pp. 5-11, Janvier 2000.

[Vinogradov 1971] Vinogradov I. B., Kobrinski A. E., Stepanenko Y. E., Tives L. T., "Details of Kinematics of Manipulators with the Method of Volumes", Mekhanika Mashin, No. 27-28, 1971,pp. 5-16. In Russian.

[Wenger 1992] Wenger Philippe, "A new general formalism for the kinematic analysis of all non redundant manipulators", Proceedings IEEE Robotics and Automation, pp. 442-447, Nice, France, 1992.

[Wenger 1999] Wenger P., Gosselin C., Maille B., "A comparative study of serial and parallel mechanism topologies for machine tool", Int. Workshop on Parallel Kinematic Machines, pp. 23-35.Milan, Italie, Décembre, 1999.

[Yoshikawa 1985] Yoshikawa T., "Manipulability of Robotic Mechanisms", The Int. Journal Robotics Research, Vol. 4, No. 2, 1985 pp. 3-9.

Cahier des charges de l'Orthoglide 5 axes

9. CAHIER DES CHARGES DE L'ORTHOGLIDE 5 AXES

Les mouvements seront générés à l'aide de moteurs électriques. La précision statique sera au moins égale ou inférieure à 0,01 mm pour les déplacements et 0,1 degrés sur les rotations. Le graissage des composants de l'Orthoglide sera fait à vie et leur entretien réduit au minimum.

Broche :

- Une puissance en pointe de 5kW et un couple de 1.3N.m ;
- Une puissance en continue de 2.5 kW ;
- Fréquence de rotation maximale supérieure ou égale à 24 000 tr/min ;
- Un couple de 0.6N.m ;
- Bridage automatique outil non obligatoire ;
- Une première broche a été dimensionnée modèle IBAG HF 80.2 A 40 C, objectif : essayer de trouver une broche moins encombrante ;

Mouvements de translations

- Volume de travail : cube de 500 mm de coté ;;
- Course actionneur 675mm (ente butée électrique) ;
- Vitesses de 1 m/s ;
- Accélérations de 10 m.s^{-2} ;
- Objectif de raideur statique en translation : 10 000N/mm soit 10N/µm ;
- 3 niveaux de butées : logicielles ; électriques ; mécaniques ;
- Pieds de longueur 775 mm ;
- Débattements angulaires nécessaires aux translations ± 30° ;
- Guidages acier ;
- Envisager moteur Brushless ou linéaire ;
- Dimensionnement de la motorisation sur l'axe vertical (puis 3 axes identiques) ;
- Vis à billes Diamètre 25 au pas de 25mm.

Mouvements du poignet

- Vitesses angulaires de 180 degrés/s ;
- Accélérations de 1000 degrés.s^{-2} ;
- Espace de travail en rotation de +/- 60 degrés suivant les deux axes de rotation ;
- Objectif de raideur statique en torsion : 10 000 000 N.mm/rad soit

10N.mm/µrad.

Dimensionnement

- Le calcul des dimensions des jambes se fera à partir de la méthode publiée par D. Chablat et Ph. Wenger (Chablat D. et Wenger P., "Architecture Optimization of a 3-DOF Parallel Mechanism for Machining Applications, the Orthoglide", IEEE Transactions On Robotics and Automation, Vol. 19/3, pp. 403-410, juin, 2003).

Table de bridage

- Dimension minimale de diamètre 600 mm ;
- Trous taraudés ou des rainures espacées au maximum de 100 mm ;
- La charge minimale admissible de 150 Kg.

Poignet

- Intégrer la broche ;
- Intégrer les câbles ;
- Protection éventuelle (fermeture par soufflets …) ;
- Intégrer des capteurs fin de course.

Géométrie

- Géométrie initiale fournie, puis évolution possible.

Modularité

- Possibilité de réaliser la machine sans le poignet

Bâti

- Structure mécano-soudée
- Possibilité d'utiliser du lest (sable) afin d'augmenter la masser et l'amortissement de ce dernier.
- Nécessité de régler la position des actionneurs à cause de l'hyperstatisme des parallélogrammes déformables
- Régler les perpendicularités des axes et leur intersection
- Si possible intégrer l'armoire électrique dans le bâti de la machine

Masse

- Masse estimative de l'ensemble : 1 tonne

Critère optimisation : conception du poignet

- Point outil proche du CDR :
  - Meilleure rigidité ;
  - Moins d'efforts dans le poignet ;
  - Poignet plus volumineux ;
  - Moins de consommation des courses actionneurs pour compenser une rotation.
- Point outil loin du CDR :
  - Rigidité diminuée ;
  - Plus d'efforts dans le poignet ;
  - Poignet moins encombrant ;
  - Besoin de plus de courses linéaires pour compenser une rotation.

Données estimatives (à) considérer pour les calculs de raideur :

- Effort de coupe 100N
- Raideur à obtenir : 10000N/mm

Précision : 0.01mm (du à l'application des 100N de coupe au vu de la raideur).

10. COPIES DE PUBLICATIONS

Annexe A

Chablat D. Angeles J., "On the Kinetostatic Optimization of Revolute-Coupled Planar Manipulators", Mechanism and Machine Theory, Vol. 37(4), pp. 351-374, Avril 2002.

Annexe B

Chablat D. et Wenger P., "Architecture Optimization of a 3-DOF Parallel Mechanism for Machining Applications, the Orthoglide", IEEE Transactions On Robotics and Automation, Vol. 19(3), pp. 403-410, Juin 2003.

Annexe C

Pashkevich A., Wenger P. et Chablat D., "Design Strategies for the Geometric Synthesis of Orthoglide-type Mechanisms", Mechanism and Machine Theory, Vol. 40(8), pp. 907-930, Août 2005.

Annexe D

Majou F., Gosselin C., Wenger P. et Chablat D., "Parametric stiffness analysis of the Orthoglide", Mechanism and Machine Theory, Vol. 42(3), pp. 296-311, Mars 2007.

Oui, je veux morebooks!

I want morebooks!

Buy your books fast and straightforward online - at one of the world's fastest growing online book stores! Environmentally sound due to Print-on-Demand technologies.

Buy your books online at
www.get-morebooks.com

Achetez vos livres en ligne, vite et bien, sur l'une des librairies en ligne les plus performantes au monde!
En protégeant nos ressources et notre environnement grâce à l'impression à la demande.

La librairie en ligne pour acheter plus vite
www.morebooks.fr

VDM Verlagsservicegesellschaft mbH
Heinrich-Böcking-Str. 6-8   Telefax: +49 681 93 81 567-9   info@vdm-vsg.de
D - 66121 Saarbrücken   www.vdm-vsg.de

Printed by Books on Demand GmbH, Norderstedt / Germany